DK 591.134

FORSCHUNGSBERICHTE DES WIRTSCHAFTS- UND VERKEHRSMINISTERIUMS NORDRHEIN-WESTFALEN

Herausgegeben von Staatssekretär Prof. Dr. h. c. Dr. E. h. Leo Brandt

Nr. 682

Prof. Dr. phil. Hermann Wurmbach
Dr. rer. nat. Fritz Mombeck, Dr. agr. Klaus-Josef Nobis
Dr. rer. nat. Susanne Mertens-Neuling
Zoologisches Institut der Universität Bonn
Entwicklungsgeschichtliche Abteilung

Zur Wirkungsweise der steroiden Hormone auf Wachstum und Differenzierung

XIX. Mitteilung: Steuerung von Wachstum und Formbildung

Als Manuskript gedruckt

SPRINGER FACHMEDIEN WIESBADEN GMBH 1959

ISBN 978-3-663-19906-9 ISBN 978-3-663-20248-6 (eBook)
DOI 10.1007/978-3-663-20248-6

Herrn Prof. Dr. Dr. h. c. A. Reichensperger zum 80. Geburtstag gewidmet

Forschungsberichte des Wirtschafts- und Verkehrsministeriums Nordrhein-Westfalen

G l i e d e r u n g

I. Einleitung . . . . S. 5

II. Hauptteil . . . . S. 8

    1. Das normale Wachstum von Lebistes
       reticulatus . . . . S. 8

    2. Versuche über die Beeinflussung des Wachstums
       durch Sexualhormone bei Lebistes reticulatus . . . . . . S. 13

    3. Untersuchungen über die Beeinflussung des Wachs-
       tums der Hypophyse, der Schilddrüse und des
       Hodens durch steroide Hormone bei Kücken . . . . S. 24

    4. Wirkungen der steroiden Hormone
       auf Kaulquappen . . . . S. 31

    5. Zusammenfassende Betrachtung über die
       Wirkungsweise der Differenzierungshormone
       auf Wachstum und Differenzierung . . . . S. 37

    Literaturverzeichnis . . . . S. 42

Forschungsberichte des Wirtschafts- und Verkehrsministeriums Nordrhein-Westfalen

I. Einleitung

HAARDICK (1956) konnte eine Wachstumsformel des begrenzten Wachstums aufstellen, aus der hervorgeht, daß das Längenwachstum einen Endpunkt nach einer gewissen Zeit tatsächlich erreicht. Es fragt sich nun, wie diese Formel des begrenzten Wachstums innerlich zu begründen ist. Nach den Anschauungen von VON BERTALANFFY (1951) erfolgt die Begrenzung des Wachstums letzten Endes durch die Erreichung einer gewissen Relation von Volumen zu Oberfläche bzw. durch eine sich daraus ergebende Begrenzung des Stoffwechsels, die sich aus der Relation zur Möglichkeit der Nahrungsaufnahme und des Verbrauchs der Nahrung durch Oxydation ergibt. Nach dieser Anschauung von VON BERTALANFFY müßte in der Tat der früher allgemein angenommene asymptotische Verlauf der Kurve den tatsächlichen Verhältnissen entsprechen. Dem widerspricht aber der Befund HAARDICKs an Kaninchen. So soll es die Aufgabe dieser Untersuchungen sein, nach Gründen für den tatsächlichen Abschluß des Wachstums zu suchen.

In meiner Arbeit über die Dynamik des Extremitätenwachstums (1954) hatte ich darauf hingewiesen, daß durch die Steigerung des oxydativen Stoffwechsels zur Zeit der Metamorphose es zu einer Begrenzung des Extremitätenwachstums kommen muß, indem an den Spitzen der Extremitäten die Randblutgefäße sich stärker mit Blut füllen und eine bessere Sauerstoffversorgung der Gewebe herbeiführen. Auf diese Weise können an dieser Stelle sowie überall dort, wo die Blutgefäße eindringen, die acidophil färbbaren Gewebe gebildet werden (WURMBACH 1954), die eine Begrenzung des Wachstums durch ihre Zugfestigkeit herbeiführen; es tritt nämlich an den gut durchbluteten Stellen an Stelle des bisherigen Überwiegens der Mucopolysaccharide - wie Hyaluronsäure und Chondroitinschwefelsäure - ein starkes Überwiegen des Kollagens, das schon allein durch seine Zugfestigkeit rein mechanisch zu einer Begrenzung des Wachstums und zu einer Hemmung des Weiterwachsens des Blastems führt (vgl. WURMBACH 1955 a, Abb. 7). Insofern würde die hier entwickelte Anschauung mit derjenigen von VON BERTALANFFY (1951) übereinstimmen, als in der Tat das nun erreichte Gleichgewicht zwischen oxydativem Stoffwechsel und Nahrungsaufnahme zu einem Abschluß des Wachstums führt. Der wesentliche Unterschied besteht jedoch darin, daß ich ebenso wie HAARDICK (1956) eine vom Organismus ausgehende Regulation, nämlich die Produktion des Schilddrüsenhormons, für dieses Aufhören des Wachstums verantwortlich machen möchte. Freilich weist auch bereits VON BERTALANFFY auf die Bedeutung der hormonalen Regulierung des Stoffwechsels und damit des Wachstums hin.

Ebenso wie ROMEIS (1920 und 1924) hatte ich (1950) das Schilddrüsenhormon als <u>Differenzierungsfaktor</u> bezeichnet, und ich möchte in dem Auftreten solcher Differenzierungsfaktoren den Grund für die artgemäße Beendigung des Wachstums beim Erreichen einer bestimmten Körpergröße suchen. In dieser Untersuchung soll nun nicht so sehr der Einfluß des Schilddrüsenhormons als derjenige der <u>steroiden Hormone,</u> insbesondere der Sexualhormone auf das Wachstum untersucht werden. Seit altersher ist die Tatsache bekannt, daß der Eintritt der Geschlechtsreife zwar nicht unmittelbar zum Abschluß des Wachstums führt, sondern zunächst sogar eine gewisse Beschleunigung desselben veranlaßt, daß dann aber dem Eintritt der Geschlechtsreife früher oder später der Abschluß des Wachstums folgt. Das läßt sich auch feststellen bei Pubertas praecox, wobei die erkrankten Individuen zunächst eine starke Steigerung des Wachstums aufweisen, dann aber im Endresultat doch kleiner bleiben, als es bei späterem Eintritt der Geschlechtsreife der Fall ist. LICHTWITZ, PARLIER und THIERY (1953) zeigten, daß die Zufuhr kleiner Oestrogen- und Androgen-Dosen bei Ratten zu einer Aktivierung und Wucherung des Säulenknorpels der Epiphysenfugen führt, sehr hohe Dosierungen dagegen die Epiphysenlinien zur Verknöcherung bringen und den Abschluß des Längenwachstums herbeiführen. Sie konnten feststellen, daß die das Wachstumshormon der Hypophyse produzierenden eosinophilen Zellen durch kleine Dosierungen der Sexualhormone zur Vermehrung angeregt werden, während sich bei hohen Gaben ihre Zahl verringert.

ALBRIGHT, SMITH und RICHARDSON (1941) beobachteten in der Klinik klimakterische Osteoporosen, die sie durch Oestrogene und Androgene, am besten durch die Kombination beider, nicht aber durch Progesteron günstig beeinflussen konnten. Da die Werte für Serumcalcium, -phosphor und -phosphatase bei den Kranken im Normalbereich lagen, die Sexualhormone aber eine Verminderung der Calcium- und Phosphatausscheidung im Urin bewirken und besonders durch Androgene eine beträchtliche Stickstoffretention erfolgte, führen die Autoren die Wirkung der Sexualhormone auf eine Förderung der Osteoblastentätigkeit zurück, während Cortison diese herabsetzen soll. Die Androgene werden geradezu als Stickstoff-Hormone

("Nitrogen-Hormons") und "anabole Steroide" im Gegensatz zu den katabolen "S-Hormonen", wie Cortison, bezeichnet. Aber auch den Oestrogenen wird eine geringere anabole Wirkung zugeschrieben. NOWAKOWSKI (1955) fand bei älteren Eunuchoiden ebenfalls Osteoporosen und Knochenatrophie, umgekehrt bei durch Nebennierenrindenhyperplasie hervorgerufenen Virilismus Verdichtung der Knochen, Verbreiterung der Corticalis, starke Verkalkung der Rippenknorpel und vorzeitige und zu stark ausgedehnte Ossifikationen am Kehlkopf.

Auch das Wiederaufleben des Wachstums im Falle der Akromegalie, die mit einem Nachlassen der Geschlechtstätigkeit verbunden zu sein pflegt, deutet darauf hin, daß das Vorhandensein von Sexualhormonen oder besser steroiden Hormonen mit dem Wachstum in ursächlicher Beziehung steht. Auch das Neuauftreten von Knorpelwachstum und die damit verbundenen Gelenkbeschwerden bei alternden Menschen weisen auf ein Wiederaufleben des Wachstums hin, und dementsprechend können im Sinne einer Kausaltherapie diese Beschwerden durch ein steroides Hormon, z.B. Cortison, beseitigt werden. Bei Eunuchoidismus tritt erfahrungsgemäß keine Verknöcherung der Epiphysenfuge ein. Es entsteht infolgedessen eine Form des Riesenwuchses, die durch starke relative Verlängerung der Extremitäten ausgezeichnet ist.

Im folgenden will ich nun versuchen, die hier mit steroiden Hormonen erzielten Ergebnisse nach den o.g. Gesichtspunkten zu ordnen und in einen Zusammenhang zu bringen. Dabei muß allerdings noch eine Frage Berücksichtigung finden, die meines Erachtens viel zu wenig bei allen Veröffentlichungen über steroide Hormone beachtet wird, nämlich die Frage der Dosierung. Ein und derselbe Wirkstoff kann, wie aus der Kurve über die Wirkungsweise von ß-Indolylessigsäure bei Pflanzen hervorgeht (Abb. 1), je nach der Dosierung wachstumsfördernd und wachstumshemmend wirken. Außerdem ist, wie ebenfalls aus der Abbildung 1 sich ergibt, von großer Bedeutung, an welchem Gewebe er angreift und in welcher Weise dieses auf den Wirkstoff reagiert. So liegt etwa das Maximum der Förderung bei Wurzeln für ß-Indolylessigsäure bei einer Konzentration von 10^{-10} mol, für Sprosse bei einer Konzentration von 10^{-5} mol. Bei letzterer Konzentration wird auf die Wurzeln schon eine außerordentlich starke Wachstumshemmung ausgeübt. Untersucht man also einen Wirkstoff in starker Überdosierung, so wirkt er oft genau gegenteilig oder sogar toxisch, und nur in einer Dosierungsspanne, die in etwa an die natürlichen Verhältnisse anschließt, darf man erwarten, die ihm eigentlich im Organismus zukommende Wirkung zu beobachten.

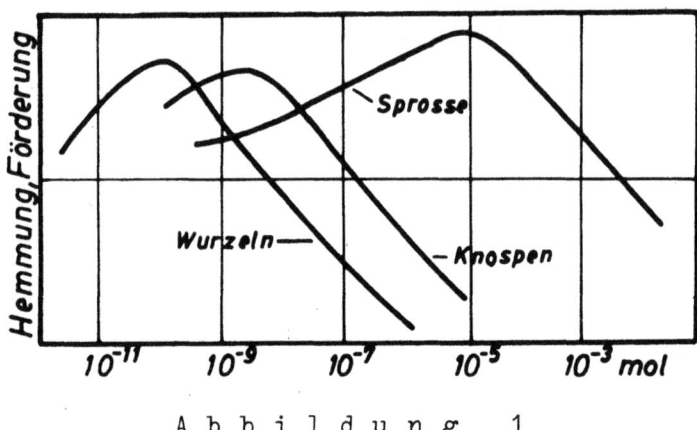

A b b i l d u n g   1

Fördernde und hemmende Wirkung verschiedener Konzentrationen von Heteroauxin (ß-Indolylessigsäure) auf verschiedene Pflanzenteile. Nach THIMANN 1937

II. Hauptteil

1. Das normale Wachstum von Lebistes reticulatus

Zunächst einmal wurde das normale Wachstum eines Organismus mit sehr starken Sexualdifferenzen auf meine Anregung hin von Fritz MOMBECK untersucht, nämlich von Lebistes reticulatus, bei dem die Männchen bedeutend kleiner bleiben als die Weibchen und der als lebendgebärender Aquarienfisch leicht zu halten ist. Über Lebistes reticulatus liegen bereits Wachstumskurven von VON BERTALANFFY (1951) vor, die durch die Untersuchungen von MOMBECK grundsätzlich bestätigt werden.

MOMBECK (1955) fand (Abb. 2 und 3) folgende Eigentümlichkeiten der Wachstumskurven von Lebistes reticulatus:

die 1. Periode umfaßt die Zeit des Wachstums von der Geburt bis zum Eintritt der Geschlechtsreife, in der beide Geschlechter gleich groß sind und sich äußerlich noch nicht unterscheiden lassen. Sie wachsen stetig in einer Exponentialkurve an.

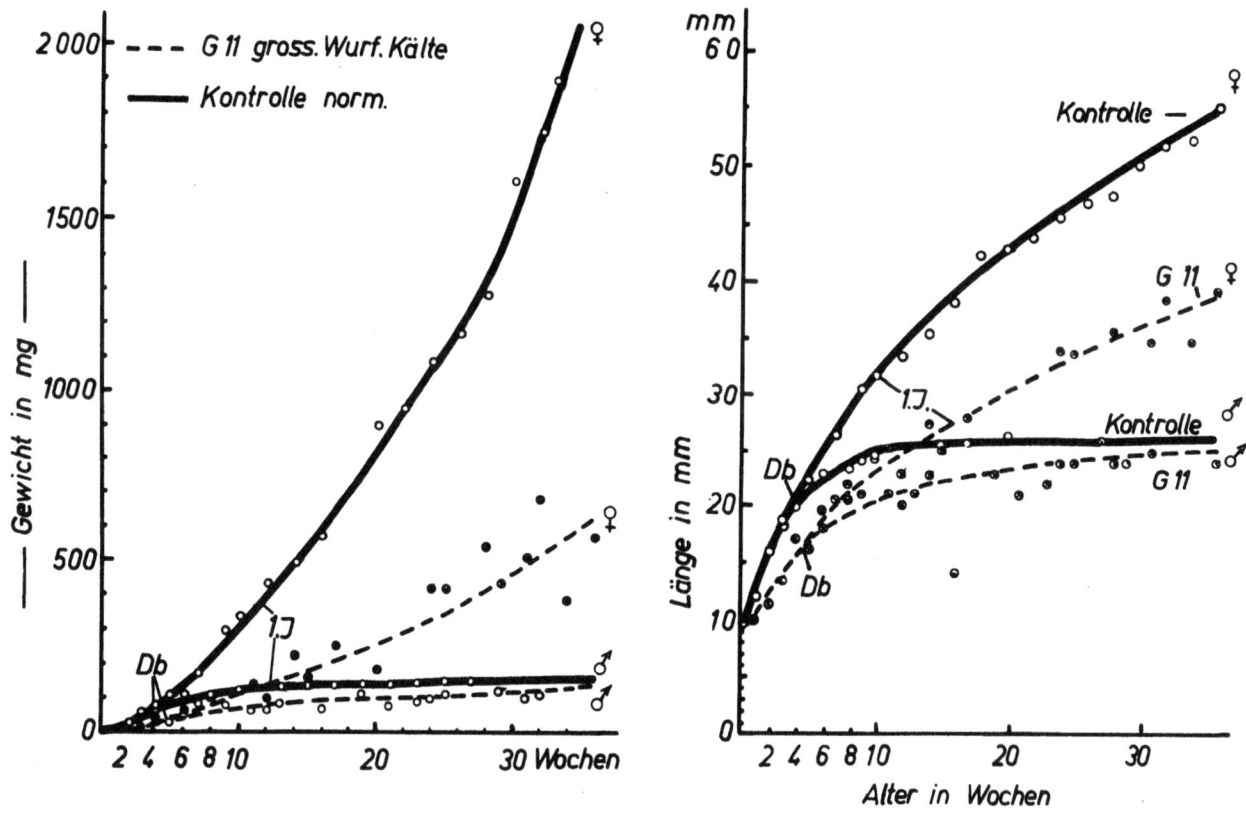

Abbildung 2
Gewichtswachstum der Weibchen und Männchen von Lebistes reticulatus
Nach MOMBECK 1955

Abbildung 3
Längenwachstum der Weibchen und Männchen von Lebistes reticulatus. Nach MOMBECK 1955

Die Gonaden sind bereits bei der Geburt in männliche und weibliche unterscheidbar (Abb. 4 und 5). Die Gonaden bleiben in der 1. Periode, solange sich die Geschlechter äußerlich noch nicht unterscheiden lassen und gleichmäßig abwachsen, auf der Stufe der Vorbereitung zur Reife. Sie dürften jedoch schon in geringem Maße Sexualhormone abgeben. Diese reichen aber noch nicht in ihrer Menge aus, um ein geschlechtsspezifisches Wachstum sowohl des ganzen Körpers wie auch der sekundären Geschlechtsmerkmale der Männchen zu veranlassen.

In der zweiten Periode, derjenigen des Eintritts der Gonaden in die Geschlechtsreife, erfährt das Wachstum der Männchen eine Hemmung, so daß deren Wachstumskurve abbiegt, während die der Weibchen den bisherigen Verlauf fortsetzt (Abb. 2 und 3). Aus diesem Verlauf der Wachstumskurven muß geschlossen werden, daß die männlichen Sexualhormone, die in-

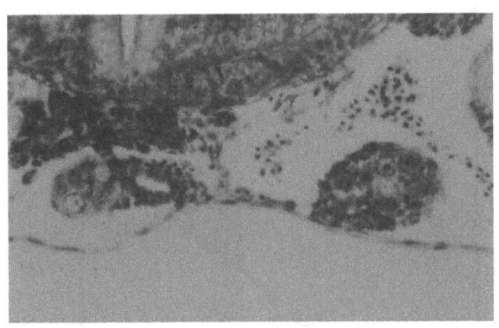 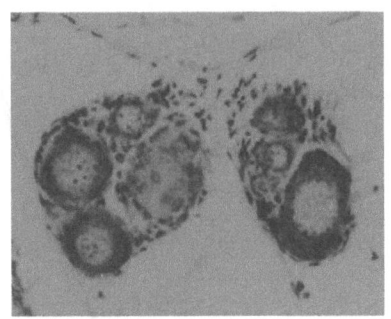

A b b i l d u n g   4
Noch paarige Hoden eines eben geborenen Lebistes reticulatus mit Spermatogonienbündeln. Vergr. 340 x nach MOMBECK 1955

A b b i l d u n g   5
Noch paarige Eierstöcke eines Embryo von Lebistes reticulatus kurz vor der Geburt mit Ovogonien und Ovozyten; Vergr. 340 x. Nach MOMBECK 1955

zwischen im Hoden gebildet worden sind, eine Hemmwirkung auf den Verlauf des Wachstums ausüben und daß die Verringerung des Wachstums eine Folge der Produktion männlicher Sexualhormone ist. Der Beweis dafür kann nur durch Versuche erbracht werden, bei denen zusätzlich männliche Sexualhormone zugeführt werden. Ob auch den weiblichen Sexualhormonen eine solche Hemmwirkung zukommt, muß ebenfalls überprüft werden. Aus dem normalen Wachstumsverlauf ist auf eine solche in dieser Periode nicht zu schließen.

Die 3. Periode ist dadurch ausgezeichnet, daß das Wachstum im <u>männlichen Geschlecht vollständig</u> zum Stillstand gekommen ist. Es ist die Periode der vollen Funktion des Hodens. Es ergibt sich daraus die Vermutung, daß die jetzt starke Produktion der männlichen Sexualhormone zu einem vollen Abschluß des Wachstums geführt hat. Der Zustand der Hoden und Ovarien geht aus Abbildung 6 und 7 hervor. Die Begattungsorgane (Gonopodien) und die Sexualfärbung der Männchen haben sich zu dieser Zeit vollständig entwickelt.

In der 3. Periode geht im weiblichen Geschlecht das Wachstum im Gegensatz zu dem der Männchen noch weiter, wenn auch im verminderten Maße, und kommt erst sehr spät zum Stillstand. Das Wachstum der Weibchen erfolgt von nun an periodisch, indem Perioden des Wachstumsstillstandes während der Trächtigkeit abwechseln mit Wachstumsperioden nach dem Abschluß derselben. Während der Trächtigkeit kann also die Nahrungsaufnahme so weit gesteigert werden, daß die heranwachsenden Jungen vom Weibchen noch mit ernährt werden, während dieser Nahrungsüberschuß nach der Trächtigkeit zum Wachsen des Weibchens selbst Verwendung findet. Auch hier liegt eine Regulation von seiten des Tieres selber vor, und es kann zweifellos mehr Nahrung aufgenommen werden, als das Tier durch

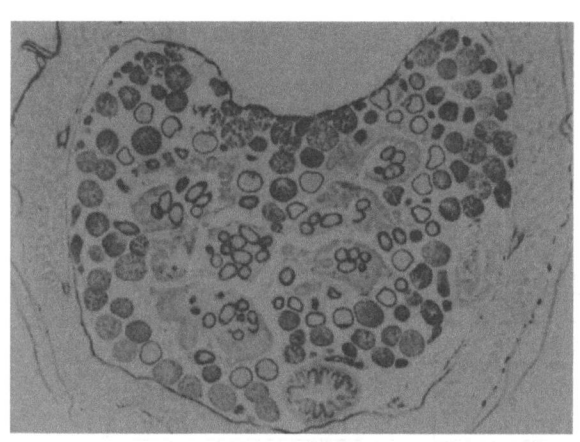 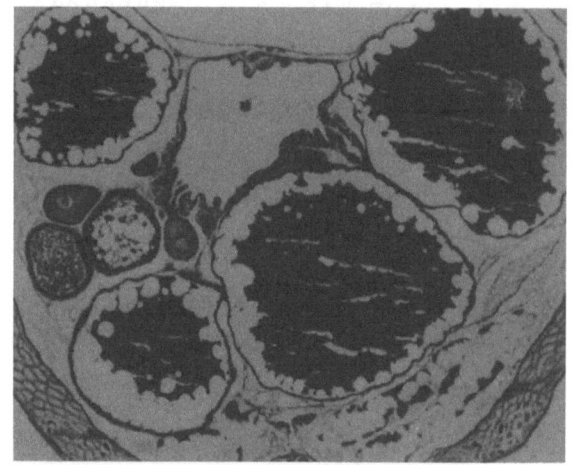

A b b i l d u n g 6

Reifer Hoden von Lebistes reticulatus mit allen Stadien der Spermatogenese und Spermatophoren im Samenleiter, von einem 30 Wochen alten Tier. Vergr. 28 x. Nach MOMBECK 1955

A b b i l d u n g 7

Querschnitt des Eierstockes eines 10 Wochen alten Weibchens mit jüngeren und mit reifen Eizellen und unpaarem Eileiter. Vergr. 28 x. Nach MOMBECK 1955

seinen Stoffwechsel selbst verbraucht. Jedenfalls aber muß dem weiblichen Sexualhormon eine andersartige Wirkung zukommen als dem männlichen, da es _nicht_ zu einem plötzlichen Abschluß des Wachstums führt. Diese Frage kann nur durch den Vergleich verschiedener Tierarten einer Lösung entgegengeführt werden, da es ja Tierarten gibt, bei denen die männlichen Individuen größer werden, wie bei den meisten Säugetieren und vielen Vögeln, während bei anderen wie den Tagraubvögeln, den Amphibien und manchen Fischen, die Weibchen eine bedeutendere Körpergröße erreichen. Jedenfalls aber weist schon die Betrachtung des normalen Wachstums darauf hin, daß die wesentlichen Faktoren für die Beendigung des Wachstums in den steroiden Hormonen zu suchen sind.

Daneben aber seien noch die _äußeren Faktoren_ erwähnt, deren Bedeutung von MOMBECK (1955) beobachtet wurde. Die äußerlichen Geschlechtsunterschiede traten bei den einzelnen Zuchten zu verschiedenen Zeiten ein. Tiere aus kleinen Würfen differenzierten sich schneller aus als solche aus großen; in kälteren Becken dauerte die Differenzierung länger als in warmen, in kleinen länger als in großen. Die Jahreszeit, die Fütterung sowie die Lichtintensität spielten eine Rolle. Auch individuelle Schwankungen wurden trotz der strengen Inzucht der Zuchten beobachtet. In den Zuchten von MOMBECK lag der Differenzierungszeitpunkt, bei dem sich bei einem Tier die sekundären männlichen Geschlechtsmerkmale zu bilden begannen, zwischen dem 15. und 31. Tag (siehe Tab. 1). Als optimal mag in Übereinstimmung mit KOSSWIG (1941) eine Temperatur von 25° C, reichliche Ernährung und genügend große Becken gelten.

Tabelle 1

Differenzierungszeitpunkte bei Lebistes

3. Woche		4. Woche		5. Woche	
Tag	Zahl der Zuchten	Tag	Zahl der Zuchten	Tag	Zahl der Zuchten
15.	1	22.	4	29.	1
16.	2	23.	2	30.	2
17.	3	24.	3	31.	1
19.	2	26.	3		
20.	1	27.	6		
21.	1				
	10		18		4

Es wurde der Tag, an dem die ersten Anzeichen einer beginnenden äußeren Differenzierung (Zuspitzung der Afterflosse des Männchens) auftraten, bei 32 Würfen (Zuchten) festgestellt. Die meisten Zuchten, nämlich 18, differenzierten sich in der 4. Woche

Bei den Männchen finden sich im Hoden zur Zeit der Differenzierung der Afterflosse neben den Spermatogonien nur wenige Cysten mit Spermatocyten 1. Ordnung; bei gleichzeitig einsetzender äußerer Färbung bilden sich nun die Spermatocyten 2. Ordnung aus, dann die Spermatidencysten, die Spermiencysten und schließlich die Spermatozoen. Das Vas deferens wird zu einem voluminösen dünnwandigen Hohlsack, der vorn zentral im Hoden liegt und nach hinten schmaler und enger wird. Aus dem Hodengewebe gelangen in gewissen Abständen an verschiedenen Stellen die reifen Spermien in den Samenleiter. Sie befinden sich im Samenleiter in der Form von

Samenpaketen, den Spermatozeugmen (Abb. 6), in einem mit Eosin und Chromotrop rosafärbbaren Sekret, das den Samenleiter erfüllt. Wenn dieses Stadium erreicht ist, ist das Männchen auch völlig ausgefärbt. Die Weibchen bilden durch Verschmelzung der beiden Ovarialanlagen ein ebenfalls unpaares Ovar aus, das nach WEISHAUPT (1926) durch einen ovarialen, unpaaren Eileiter eine Verbindung zur Genitalpapille besitzt. Dort endet der Eileiter blind und wird nach WEISHAUPT (1926) nur bei der Kopula und bei der Ausstoßung der Brut nach außen geöffnet.

MOMBECK (1955) konnte feststellen, daß getrennt von den Weibchen gehaltene Männchen größer wurden, was auf eine spätere Geschlechtsreife schließen läßt. An Ichthyophonus erkrankte Weibchen wurden stärker getrieben als normale, ebenso hochträchtige Weibchen. Die Weibchen bekamen die ersten Jungen durchschnittlich im Alter von 10 bis 13 Wochen, in wenigen Fällen schon in 7 oder erst in 18 Wochen. Die ersten Würfe waren in der Regel sehr klein und bestanden aus 6 bis 15 Tieren. Der nächste Wurf der Weibchen erfolgte 18 bis 21 Tage später, ohne daß eine neue Kopulation erfolgte. Bereits KOSSWIG (1941) hatte bei anderen Poeciliden beschrieben, daß die Spermien zur Befruchtung für eine größere Zahl von Würfen ausreichen.

2. Versuche über die Beeinflussung des Wachstums durch Sexualhormone bei Lebistes reticulatus

Zur Überprüfung, ob den männlichen Sexualhormonen in der Tat eine Hemmung des Wachstums zugeschrieben werden muß und die weiblichen indifferent sind, wurden bei Lebistes reticulatus Versuche mit Testosteron und Oestradiol der Firma Schering AG. durchgeführt. Es existieren zwar sehr viele Untersuchungen über die Beeinflußbarkeit der Gonade selbst durch Sexualhormone, jedoch keine genaueren Angaben über das Wachstum des ganzen Tieres bei der Behandlung mit denselben. Aus diesen Versuchen anderer Autoren ergibt sich aber die weitere Frage, ob nicht durch die Beeinflussung der Gonade des behandelten Tieres selbst Modifikationen des Wachstums sich ergeben, so daß die endgültige Wachstumskurve in Wirklichkeit durch das Zusammenspiel des von außen her einwirkenden Wirkstoffes und des von der Gonade selbst ausgeschiedenen Hormons zustande kommt.

Forschungsberichte des Wirtschafts- und Verkehrsministeriums Nordrhein-Westfalen

In dem <u>1. Testosteronversuch</u> wurde Testoviron (öllösliches Propionat der Firma Schering AG.) verwandt, das mit dem Trockenfutter vermischt verabreicht wurde; und zwar wurde innerhalb von 13 Wochen 25 mg Testoviron verfüttert, was einer täglichen Menge von 10 γ/l entspricht. Jedoch läßt sich die Menge des aufgenommenen Wirkstoffes nicht genau angeben, da diese von der Futteraufnahme abhängig ist. Außerdem gingen wahrscheinlich Teile des Wirkstoffes durch die im Aquarium eingebaute Filteranlage verloren. Die Kontrolltiere verhielten sich normal und begannen ihre Sexualdifferenzierung nach 2 1/2 Wochen.

Die Abbildungen 8 und 9 zeigen, daß durch das Testosteron zunächst eine Hemmung des Wachstums sowohl der Weibchen wie der Männchen in Gewicht und Länge bewirkt wurde, daß dann die Weibchen kleiner blieben als die Kontrollweibchen, in ihrem Kurvenverlauf jedoch dem der Kontrollweibchen folgten. Die männlichen Tiere jedoch wurden erstaunlicherweise größer als die Kontrollmännchen. Das typische Bild der so entstandenen Riesenmännchen im Vergleich zu den Kontrollen geht aus der Abbildung 10 nach MOMBECK 1955 hervor.

Nach diesen Kurven müßte man also annehmen, daß das Testosteron auf das Wachstum der Weibchen und der Jungen einen hemmenden Einfluß ausübt, daß es jedoch auf das Wachstum der Männchen selbst fördernd wirkt. Diese Deutung erscheint sehr unwahrscheinlich und widerspricht derjenigen der normalen Wachstumskurve.

Eine Lösung des Rätsels dürfte darin zu finden sein, daß zunächst bei den ganz jugendlichen Männchen die Ausreifung des Hodens durch die Wirkstoffabgabe beschleunigt wird (Abb. 11). In dem links dargestellten Hoden des behandelten Männchens im Alter von 2 Wochen sind einige Kerne schon deutlich in das Synapsis-Stadium eingetreten und deuten dadurch an, daß eine verfrühte Reifung des Hodens unter dem Einfluß des Sexualhormons stattgefunden hat. <u>Zu dieser frühen Zeit</u> also hat die Testosterongabe eine Frühreife herbeigeführt, und die Summierung der Hormonwirkung durch körpereigenes und zugeführtes Fremdhormon führt, wie es die Theorie erfordert, zu einer Wachstumshemmung. Späterhin jedoch bleiben (Abb. 12) die Hoden der behandelten Männchen in ihrer Ausbildung weit hinter denen der Kontrollen zurück, die bereits mit Spermatozeugmen gefüllte Samenleiter aufweisen. Schließlich regenerieren die

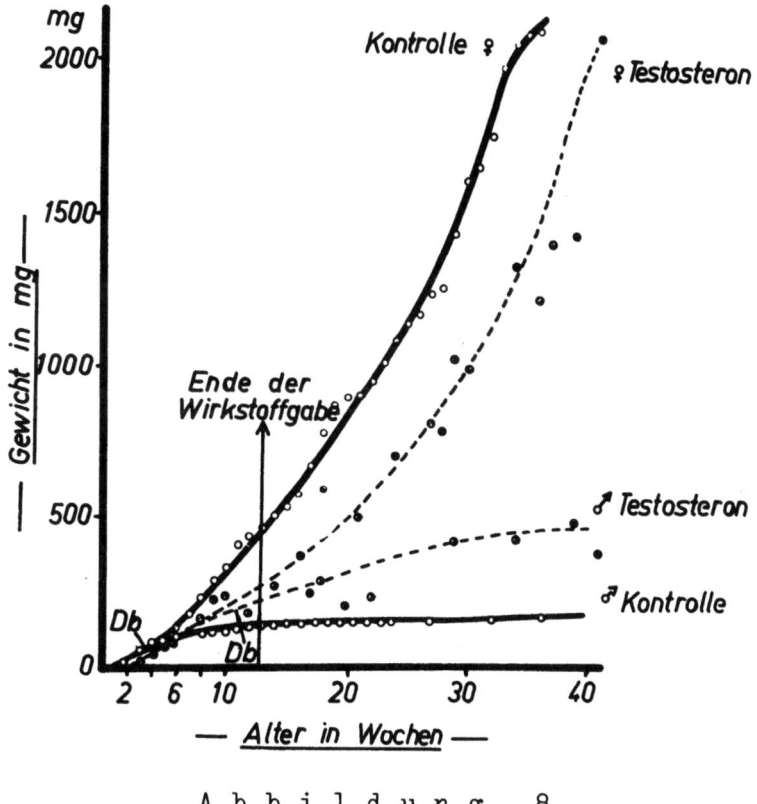

Abbildung 8

Gewichtswachstum der Weibchen und Männchen im 1. Testosteronversuch an Lebistes reticulatus im Vergleich zur normalen Kontrolle. Nach MOMBECK 1955

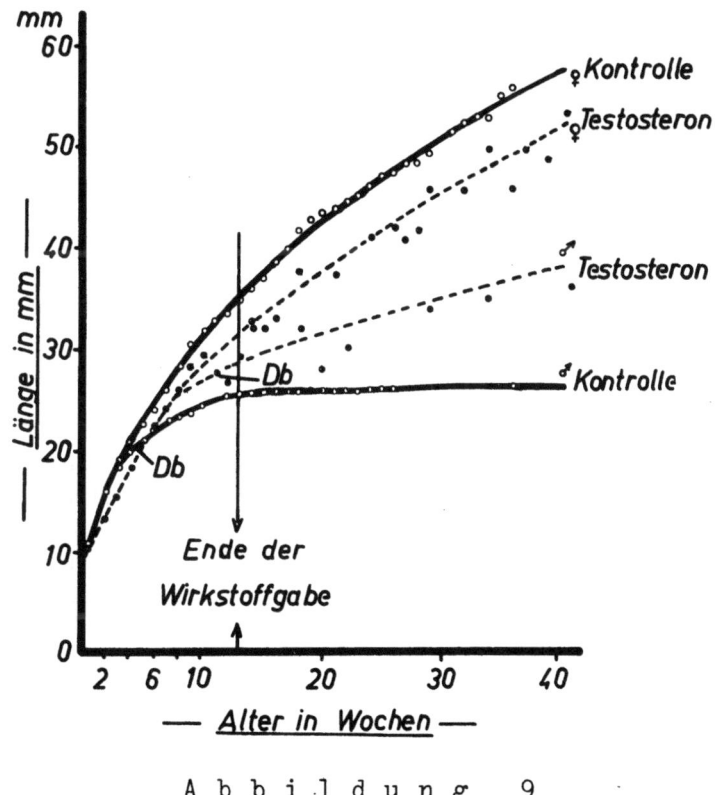

Abbildung 9

Längenwachstum der Weibchen und Männchen im 1. Testosteronversuch an Lebistes reticulatus im Vergleich zur normalen Kontrolle. Nach MOMBECK 1955

Hoden wieder nach Absetzen der Wirkstoffbehandlung und beginnen, in die Spermatogenese einzutreten (Abb. 13). Dieser Zustand führt jedoch nicht dazu, daß wieder normale Hoden entstehen, sondern nach einiger Zeit beginnen die Hoden zu hypertrophieren und zu degenerieren, so daß sie

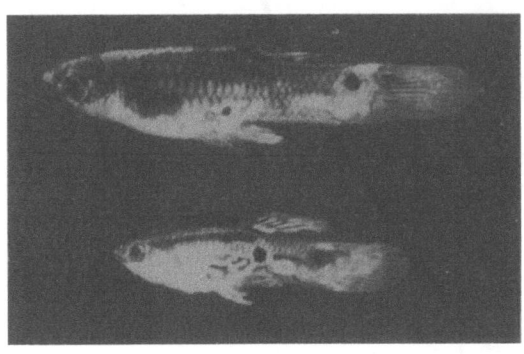

A b b i l d u n g   10

Oben "Riesenmännchen" des 1. Testosteronversuchs an Lebistes reticulatus (schwache Dosierung), mit weniger ausgeprägter Färbung, 36,1 mm lang, 375,7 mg schwer; darunter Kontrollmännchen mit lebhafter Färbung, 24,5mm lang, 126,3 mg schwer. Nach MOMBECK 1955

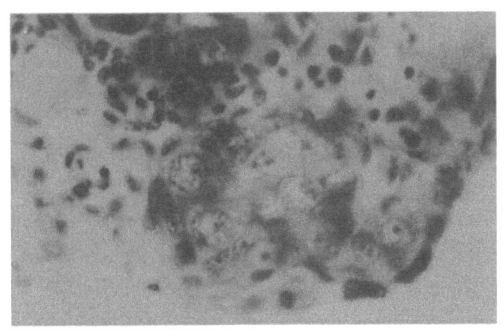 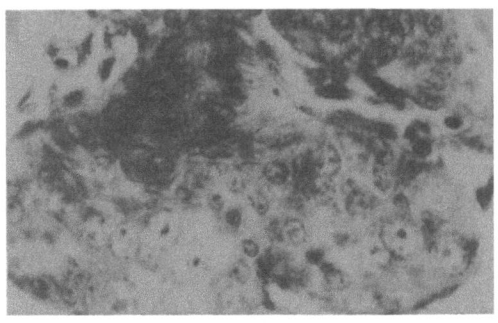

A b b i l d u n g   11

Links Hoden eines 2 Wochen alten Lebistes-Männchen aus dem 1. Testosteronversuch mit beginnender Spermiogenese, starker Durchblutung und fehlender Verzweigungsbildung des Ductus deferens
Vergr. 800 x. Nach MOMBECK 1955

Rechts Hoden eines gleichaltrigen Kontrollmännchens noch im Ruhezustand vor der Spermiogenese, mit schwacher Durchblutung, aber mit normaler Verzweigungsbildung des Ductus deferens. Verg. 800 x. Nach MOMBECK 1955

schließlich, wie die Beispiele eines 17 und eines 30 Wochen alten Tieres zeigen (Abb.14), völlig zerfallen. Die Testosteronwirkung hat also nach einer <u>anfänglichen Förderung der Hodenentwicklung</u> zu einer Hemmung der-

Forschungsberichte des Wirtschafts- und Verkehrsministeriums Nordrhein-Westfalen

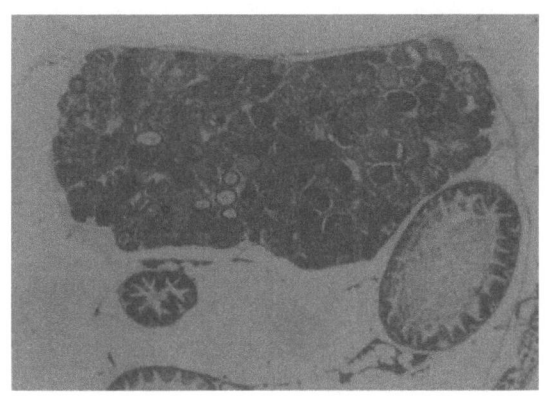 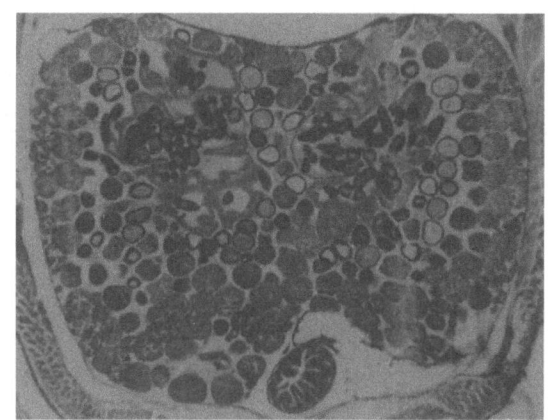

A b b i l d u n g   12

Links unterentwickelter Hoden eines 11 Wochen alten Lebistes-Männchens aus dem 1. Testosteronversuch. Vergr. 28 x. Nach MOMBECK 1955

Rechts normaler Hoden eines 11 Wochen alten Kontrolltieres. Vergr. 28 x. Nach MOMBECK 1955

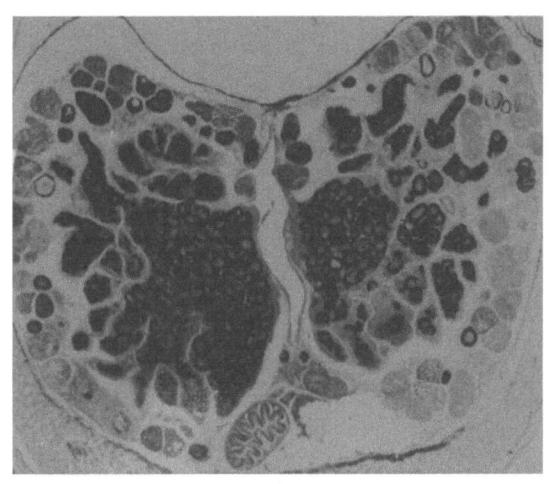 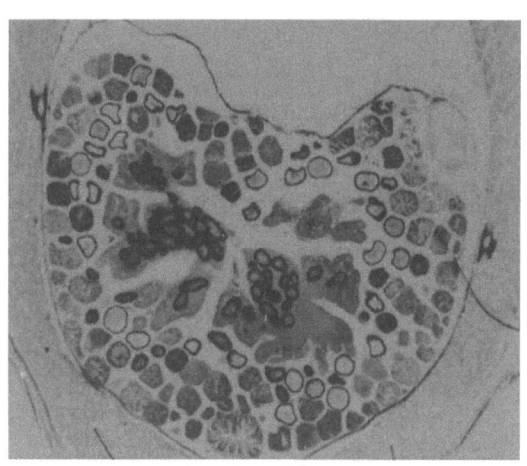

A b b i l d u n g   13

Links Hoden eines 22 Wochen alten Lebistes-Männchens aus dem 1. Testosteronversuch mit starker Hypertrophie Vergr. 28 x. Nach MOMBECK 1955

Rechts normaler Hoden eines gleichaltrigen Kontrolltieres. Vergr. 28 x. Nach MOMBECK 1955

selben geführt; dann ist beim Absetzen des Wirkstoffes eine Erholung und sogar Hypertrophie eingetreten, und schließlich ist es zur <u>völligen Degeneration</u> der Hoden gekommen. Im Endeffekt hat also die verfrühte Gabe von Testosteron zu einer Art von Kastration geführt, die zu den entsprechenden Erscheinungen des Riesenwuchses geführt hat. Die sekundären Geschlechtsanhänge (Gonopodien) sind, wie aus Abbildung 10 hervorgeht, zwar noch regulär, wenn auch zu groß ausgebildet worden, die Färbung erreicht jedoch nicht den Grad der Prächtigkeit wie bei den Kontrollmännchen, und die Riesenmännchen erweisen sich im Versuch als <u>unfruchtbar</u>. So ist in Wirklichkeit die Förderung des Wachstums und die Entstehung der "Riesenmännchen" auf eine Art Kastration durch die Wirkstoffgabe zurückzuführen.

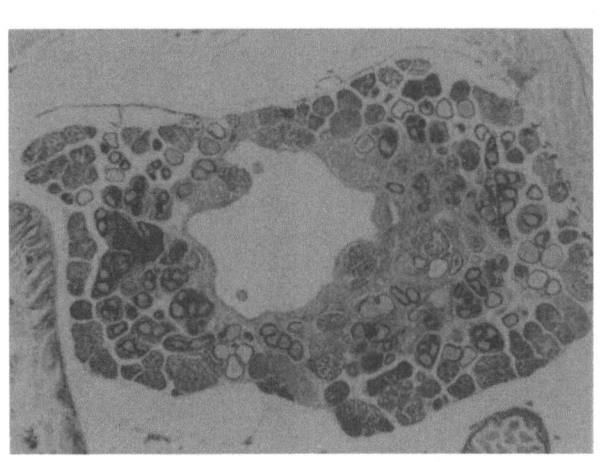 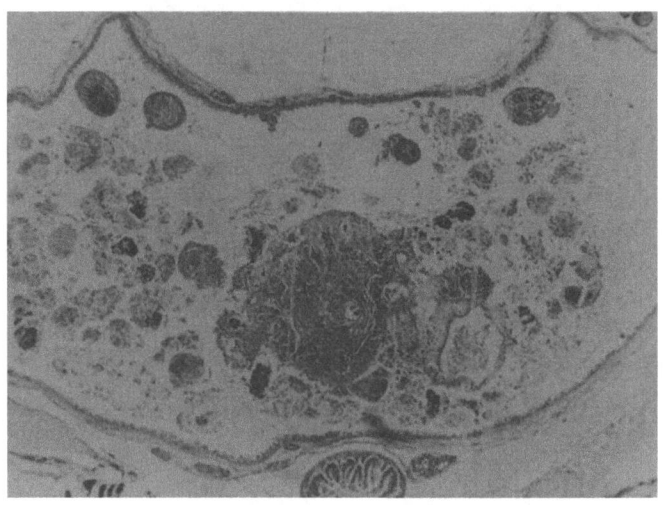

A b b i l d u n g   14

Links: Beginnende Zerstörung des Hodens vom Samenleiter her bei einem 17 Wochen alten Lebistes-Männchen aus dem 1. Testoronversuch;

Rechts: Fast totale Auflösung des Hodens bei einem 30 Wochen alten Tier der gleichen Serie. Vergr. 28 x. Nach MOMBECK 1955

Bei den Weibchen wurde anfangs das Wachstum des Ovars gehemmt. Schließlich erreichte jedoch dasselbe die normale Größe und den gleichen Reifungsgrad wie bei den Kontrollen. Die Weibchen waren fruchtbar und bekamen normale Junge. Der Versuch spricht dafür, daß in der Tat eine <u>Hemmwirkung von Testosteron auf das Wachstum</u> ausgeht, da ja die einigermaßen normal gebliebenen Weibchen gehemmt wurden und da sich die "absurde" Wirkung des Testosterons auf die Männchen durch die bewirkte Kastration erklären läßt. Letztere Erklärung des Wachstumsverlaufs wird auch dadurch unterstützt, daß eine starke Fetteinlagerung in der Gonadengegend beobachtet werden konnte, wie eine solche für die Kastration charakteristisch ist.

Im <u>2. Testosteronversuch</u> an <u>Lebistes reticulatus</u> wurde eine stärkere Dosierung durchgeführt, indem in Alkohol gelöstes kristallines Testosteronpropionat direkt ins Wasser gegeben wurde, das in diesem Falle nicht filtriert wurde. Es wurden 25 mg Hormon in 8 Wochen verabreicht, was einer täglichen Dosis von 68 γ/l entspricht. Die Kurven des Versuches sind in Abbildung 15 und 16 nach MOMBECK (1955) wiedergegeben. Bei dieser stärkeren Dosierung ergibt sich, daß die Wachstumshemmung

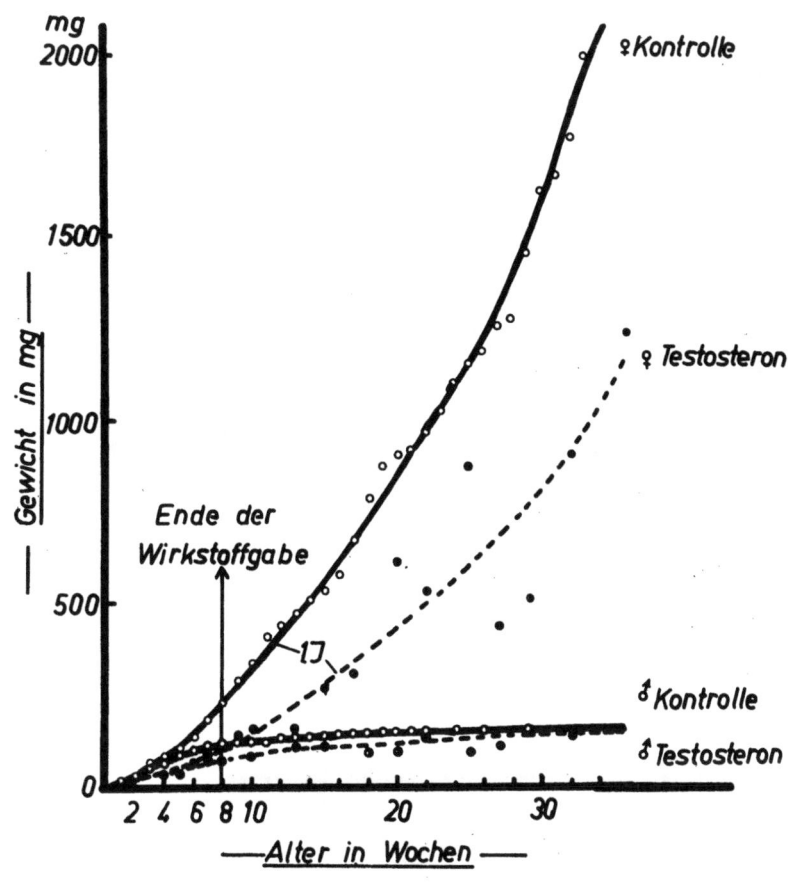

Abbildung 15

Gewichtswachstum der Weibchen und Männchen von Lebistes im 2. Testosteronversuch (stärkere Dosierung) im Vergleich zur normalen Kontrolle. Nach MOMBECK 1955

bei den Testosteronweibchen eine noch bedeutendere ist als im vorigen Versuch. Das entspricht der zu erwartenden Wirkung der stärkeren Dosierung. Die Männchen verhielten sich jedoch jetzt durchaus anders, indem sie längere Zeit an Größe hinter den Kontrollmännchen zurückblieben und erst ganz spät deren Größe in etwa erreichten. Sie differenzierten sich äußerlich normal, aber verfrüht nach 3 Wochen, blieben aber im ganzen gesehen kleiner und waren durchaus farbenprächtiger gefärbt. Die Hodenbildung wurde in diesem Falle nur in der Weise beeinflußt, daß sie etwas

verfrüht auftrat und daß eine übermäßige Anzahl von Spermatozeugmen im
Samenleiter beobachtet wurde. Die etwas stärkere Dosierung hat hier
also merkwürdigerweise nicht zur Kastration geführt. Dagegen war die
Wirkung auf die Weibchen in diesem Falle insofern auffällig, als bei
ihnen die Afterflossen eine gewisse Vermännlichung zeigten, indem die

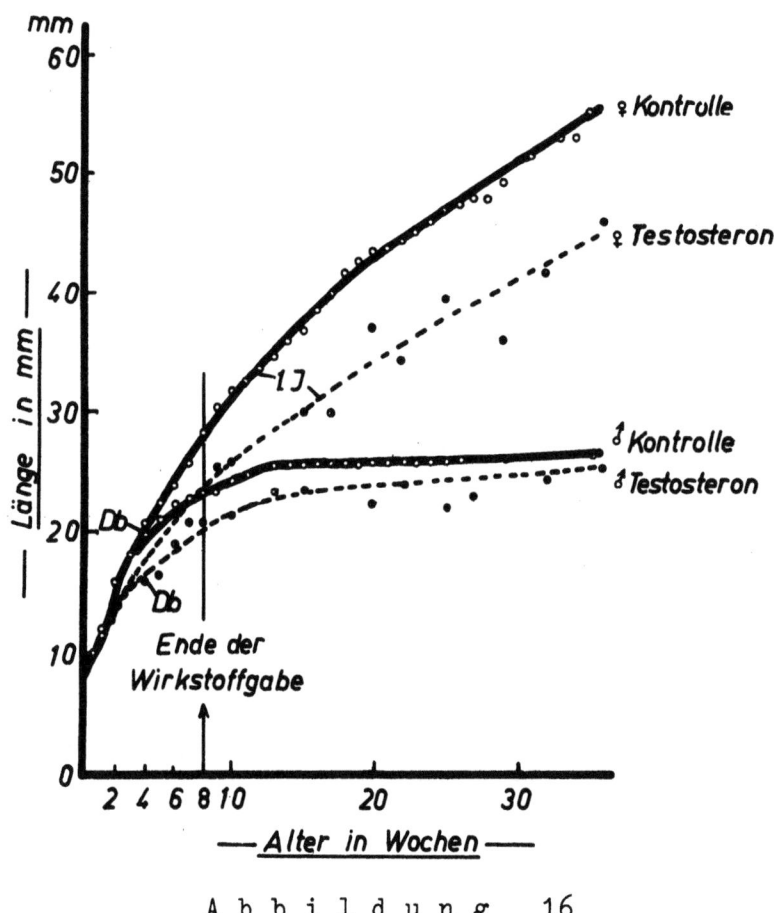

A b b i l d u n g 16

Längenwachstum der Weibchen und Männchen von Lebistes im 2. Testosteronversuch. Nach MOMBECK 1955

ersten Flossenstrahlen sich ähnlich wie bei den Männchen verstärkten.
Eine Buntfärbung der Weibchen wurde freilich nicht erzielt. Diese
Zwischenformen wiesen bei der histologischen Untersuchung eine Störung
in der Ei- und Dotterbildung auf. Zur völligen Vermännlichung der Weibchen kam es also nicht, und die Wirkstoffdosierung lag gerade an der
Grenze, um eine schwache Beeinflussung der Afterflosse im Sinne der
männlichen Entwicklungsrichtung herbeizuführen, war jedoch nicht stark
genug, um die völlige Umwandlung derselben zu bewirken und die Umfärbung zu erreichen.

Außerdem wurden Versuche mit Oestradiolbenzoat in Form von Progynon B forte durchgeführt, das mit dem Futter vermischt verabreicht wurde. Und zwar wurden in 10 Wochen 10 mg des Wirkstoffes an 28 Versuchstiere verfüttert. Das entspricht einer täglichen Dosis von 12 γ/l. Der Versuch wurde nach 35 Wochen beendet. Die Wachstumskurven sind in Abbildung 17 und 18 wiedergegeben. Es zeigte sich, daß anfangs bis über das Ende der Wirkstoffgabe hinaus eine Beschleunigung des Wachstums festzustellen ist. Dann tritt eine Verzögerung desselben im Vergleich zu den Kontroll-

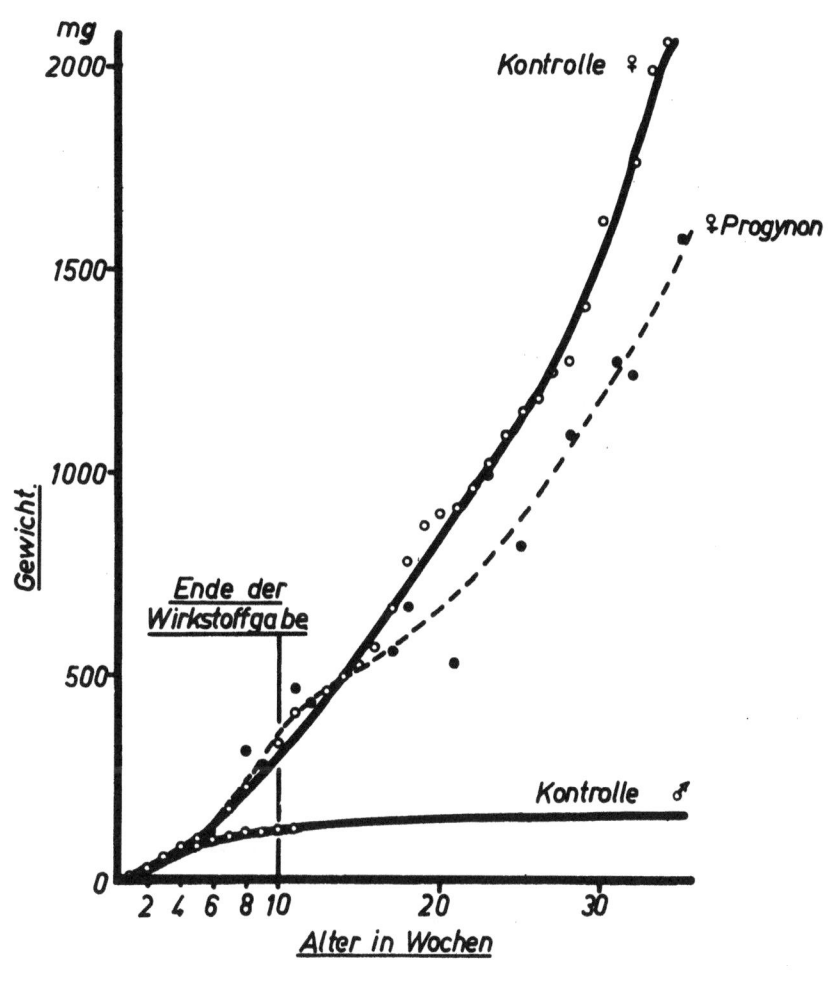

Abbildung 17

Gewichtswachstum von Lebistes reticulatus im Oestradiolversuch. Männchen konnten nicht unterschieden werden. Nach MOMBECK 1955

weibchen auf. In dem Versuch wurden überhaupt keine Männchen beobachtet, d.h. daß alle genetischen Männchen sich in Weibchen umwandelten. Ferner geht aus den Kurven hervor, daß der Wirkstoff noch eine kurze Zeit nach dem Ende der Wirkstoffgabe auf das Wachstum nachwirkte. Wie aus den

Untersuchungen von WURMBACH (1955) und von NOBIS (1956) mit anderen steroiden Hormonen hervorgeht, ist diese Art der Beeinflussung der Wachstumskurve für steroide Hormone charakteristisch, d.h. es erfolgt eine anfängliche Beschleunigung des Wachstums, dann eine Verzögerung desselben. Das Wachstum des Ovars der behandelten Weibchen war aber keineswegs gefördert, sondern im Vergleich zu den Kontrollen gehemmt (Abb. 19). Um die Ovarien der behandelten Tiere herum trat auch hier

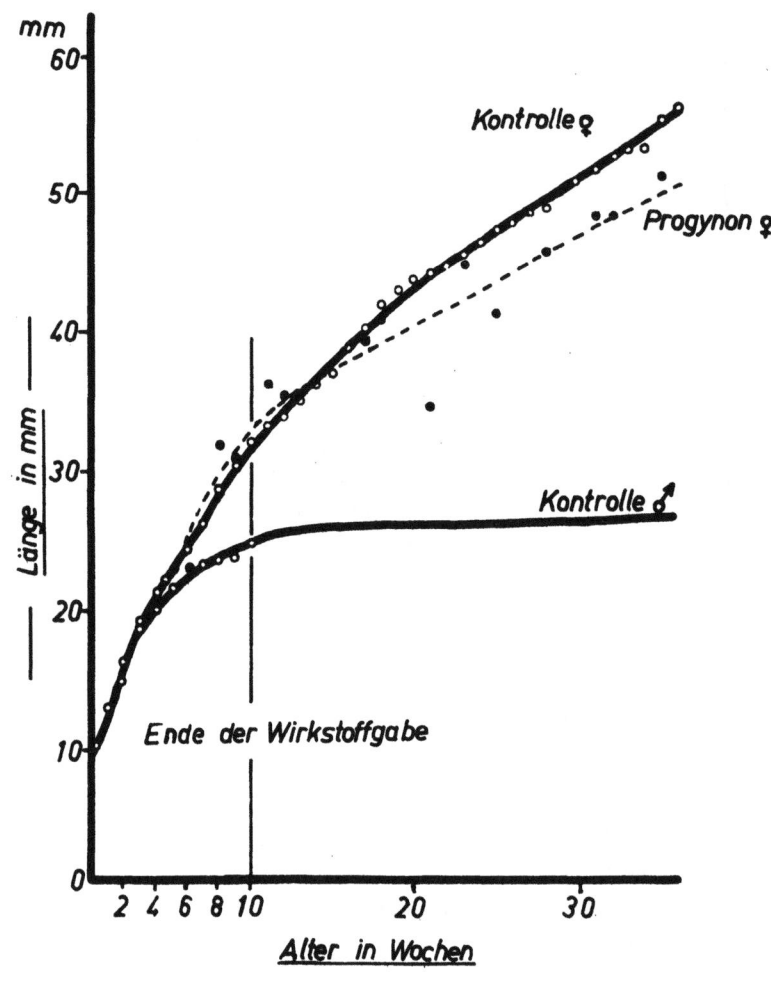

A b b i l d u n g 18
Längenwachstum von Lebistes reticulatus im Oestradiolversuch
Nach MOMBECK 1955

eine starke Fettbildung ein. Wir können also diese Tiere als eunuchoid-gehemmt bezeichnen, wenn wir die starke Fettablagerung mit in Rechnung setzen. Erst nach dem Absetzen der Wirkstoffgabe tritt die Geschlechts-reife ein, und zwar nach etwa 12 Wochen. Späterhin wurden die Tiere mit normalen Männchen gekreuzt und zeigten sich als befruchtungsfähig.

Es ist also in diesen Fällen schwer zu beurteilen, ob die anfängliche
Wachstumssteigerung durch Oestradiol auf die Wirkung des Wirkstoffes
selbst zurückzuführen ist, oder ob es sich nicht vielmehr um die Wirkung
einer partiellen Kastration handelt. Das Zurückbleiben der Kurve in den

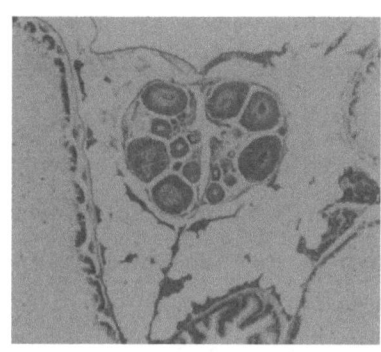 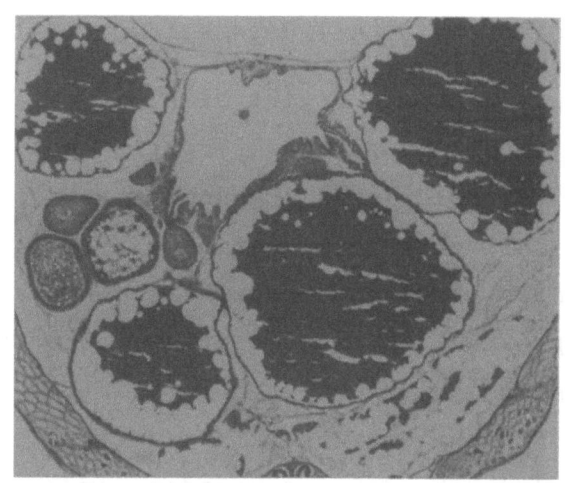

A b b i l d u n g   19

Links: Unterentwickeltes Ovar eines 10 Wochen alten mit Oestradiol behandelten Lebistes reticulatus mit starker Fetteinlagerung in der Gonadenregion
Vergr. 28 x. Nach MOMBECK 1955

Rechts: Ovar eines 10 Wochen alten normalen Kontrollweibchens.
Vergr. 28 x. Nach MOMBECK 1955

späteren Stadien könnte ebenfalls darauf zurückzuführen sein, da ja
etwa die Hälfte der untersuchten Tiere aus genetischen Männchen bestanden haben dürfte, die an sich ein geringeres Wachstum besitzen. Würde
diese Deutung richtig sein, so würde auf die Männchen eine starke Wachstumsförderung ausgeübt worden sein; aber auch diese Deutung befriedigt
nicht, da ja dann entsprechend Riesenweibchen hätten auftreten müssen,
indem die genetischen Weibchen die normalen an Größe hätten übertreffen
müssen, vor allem, da sie ja vorher schon einen gewissen Vorsprung im
Wachstum aufwiesen. Es bleibt also gerade die Deutung dieses so einfach
erscheinenden Versuches recht unklar. Eine bessere Deutung würde sich
ergeben, wenn man annimmt, daß dem Oestradiol anfangs eine wachstumsfördernde Wirkung zukommt, wie sich bei den Kaulquappenversuchen ergeben
hatte, und daß dann späterhin erst eine wachstumshemmende sich einstellt.

Die genetischen Männchen waren frühzeitig in Weibchen umgewandelt worden und verhielten sich im Wachstum genau wie diese.

Daß in der Tat die Hoden der genetischen Männchen eine Umwandlung erfuhren, ließ sich bei einem 8 Tage alten Tier nachweisen, bei dem im linken Hodenteil degenerierende Zellen gefunden wurden. Auch wurden späterhin noch Oozyten mit degenerierendem Dotter beobachtet.

Aus den Versuchen ergibt sich, daß die Wirkung der Sexualhormone auf das Wachstum ein ganz außerordentlich komplexer Vorgang ist. Es muß bei <u>Lebistes reticulatus</u> angenommen werden, daß zumindest dem Testosteron eine deutlich wachstumhemmende Wirkung zugeschrieben werden muß. Dagegen kann noch nicht mit Sicherheit eine wachstumsfördernde des Oestradiols behauptet werden, da die anfängliche Wachstumsförderung durch Oestradiol auch sekundär durch ein Zurückbleiben der Ovarien der Versuchstiere bzw. durch Eunuchoidismus erklärt werden könnte. Besonders komplex wird die Frage dadurch, daß die Gonaden der Versuchstiere in sehr verschiedener Weise auf die Höhe der Wirkstoffgabe reagieren, indem bei sehr schwachen Wirkstoffgaben nach einer anfänglichen Förderung durch Testosteron eine spätere Hemmung hervorgerufen wird, bis es schließlich in Versuch 1 zu einer völligen Degeneration der Hoden kam. Das Entstehen der Riesentiere ist also in Versuch 1 keine primäre Wirkung, sondern vielmehr eine sekundäre, die auf die bewirkte Kastration zurückzuführen ist. Dabei dürften sämtliche innersekretorischen Organe des Tieres verändert werden, von denen aber hier nur die Gonaden untersucht wurden. Als besonders wichtiges Ergebnis aus diesen Versuchen, das auch für die menschliche Therapie berücksichtigt werden muß, ist auf die große Wirkung der Verschiedenheit der Dosierung hinzuweisen. Verschiedene Dosierungen können durchaus unerwartete und oft absurde Resultate herbeiführen. Sicherlich ist außerdem noch der Zeitpunkt der Verabreichung von großer Bedeutung, worauf unsere Untersuchungen sich nicht beziehen.

3. Untersuchungen über die Beeinflussung des Wachstums der Hypophyse, der Schilddrüse und des Hodens durch steroide Hormone bei Kücken

Weitere Untersuchungen über die Wirkung der steroiden Hormone wurden bei Kücken von weißen Leghorn und rebhuhnfarbigen Italienern von NOBIS (1956) angestellt. Die Tiere wurden entweder vom 2. Tag an in den Versuch genommen, oder der Versuch begann erst nach 12 Wochen. Die Tiere wurden gewogen sowie die einzelnen Körperteile mit Zirkel, Schieblehre und Tastzirkel gemessen. Die Verabreichung der Wirkstoffe erfolgte in den Unterschenkel. Von steroiden Hormonen fanden Testosteron (Testoviron Schering), Progesteron (Lutocyclin Ciba), Oestradiol (Progynon Schering) und Desoxycorticosteron (Cortiron Schering und Percorten Ciba) Verwendung.

Beim <u>Haushuhn</u> sind im Unterschied zu <u>Lebistes reticulatus</u> die männlichen Tiere bedeutend größer als die weiblichen. In diesem Falle scheint Testosteron (Testoviron) in der Tat als Wachstumsfaktor zu wirken, indem bei den Leghorn-Hennen (Abb. 20 nach NOBIS 1956) Testoviron eine bedeutende Steigerung des Gewichtswachstums herbeiführte. Die anabole Wirkung der Androgene auf den Eiweißstoffwechsel schildert JUNKMANN (1955).

Bei männlichen Kücken dagegen wirkte Testoviron (Abb. 21 nach NOBIS 1956) anfangs stark wachstumssteigernd; späterhin blieb jedoch das Gewicht der behandelten Tiere erheblich hinter dem der Kontrollen zurück. Progynon dagegen bewirkte bei den Leghorn-Hähnen (Abb. 21) eine starke Hemmung des Wachstums. Lutocyclin hemmte bei Hähnen das Wachstum beträchtlich, bei weiblichen Tieren dagegen verlief die Kurve anfangs ungefähr der der Kontrolle parallel und blieb später stark hinter ihr zurück. In bezug auf die Längenmaße wirkten sich die verwandten Wirkstoffe am stärksten auf die Länge des Laufes aus. Auch hier wurde durch Testoviron eine bedeutende Steigerung der Lauflänge am Anfang des Versuches erzielt, während späterhin im Vergleich zu der Kontrolle die Länge des Laufes abnahm, jedoch nicht so stark, daß der anfängliche Wachstumsvorsprung verloren worden wäre (Abb. 22). Nach Progynonbehandlung blieb die Länge des Laufes unter der der Kontrolle zurück, erreichte sie aber später wieder (Abb. 22 nach NOBIS 1956).

Diese geschlechtsspezifischen Hormone wurden in diesem Falle verglichen mit dem nicht geschlechtsspezifisch wirksamen Desoxycorticosteron (Cortiron Schering und Percorten Ciba). Dabei ergab sich eine Kurve (Abb. 21), die mit unseren Befunden bei Kaulquappen (WURMBACH 1955 a) in ihrem Wesen übereinstimmte, indem einer anfänglichen Steigerung des Wachstums eine spätere Senkung folgte. Dieser Effekt trat jedoch nicht immer vollständig ein, sondern bei den Italiener-Hähnen blieb das Gewicht der Cortiron-Tiere über dem der Kontrollen, während es bei den Italiener-Hennen darunter absank.

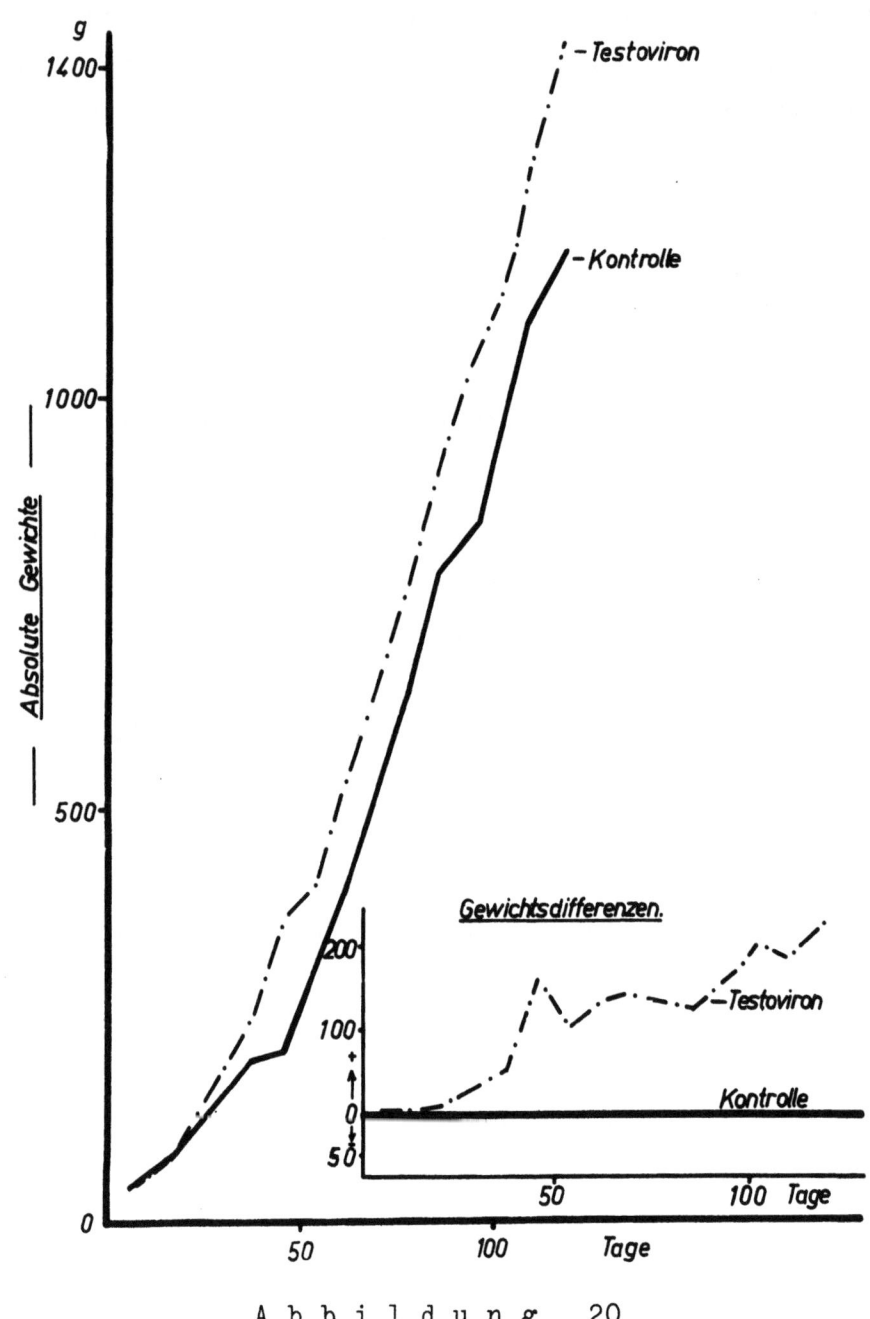

A b b i l d u n g   20

Absolutes Gewichtswachstum und Gewicht bezogen auf die Kontrolle = 0
bei mit Testosteron behandelten Leghornhennen. Nach NOBIS 1956

Zusammenfassend kann also über die Wachstumsbeeinflussung gesagt werden, daß bei den geschlechtsspezifischen Hormonen im allgemeinen eine Wachstumsbeeinflussung in dem Sinne zustandekommt, wie sie sich aus der normalen Größendifferenz bei der betreffenden Tierart ergibt, d.h., bei den Tieren, bei denen die Männchen normalerweise kleiner sind als die Weibchen, wie z.B. bei <u>Lebistes reticulatus,</u> bewirkt das Testosteron eine

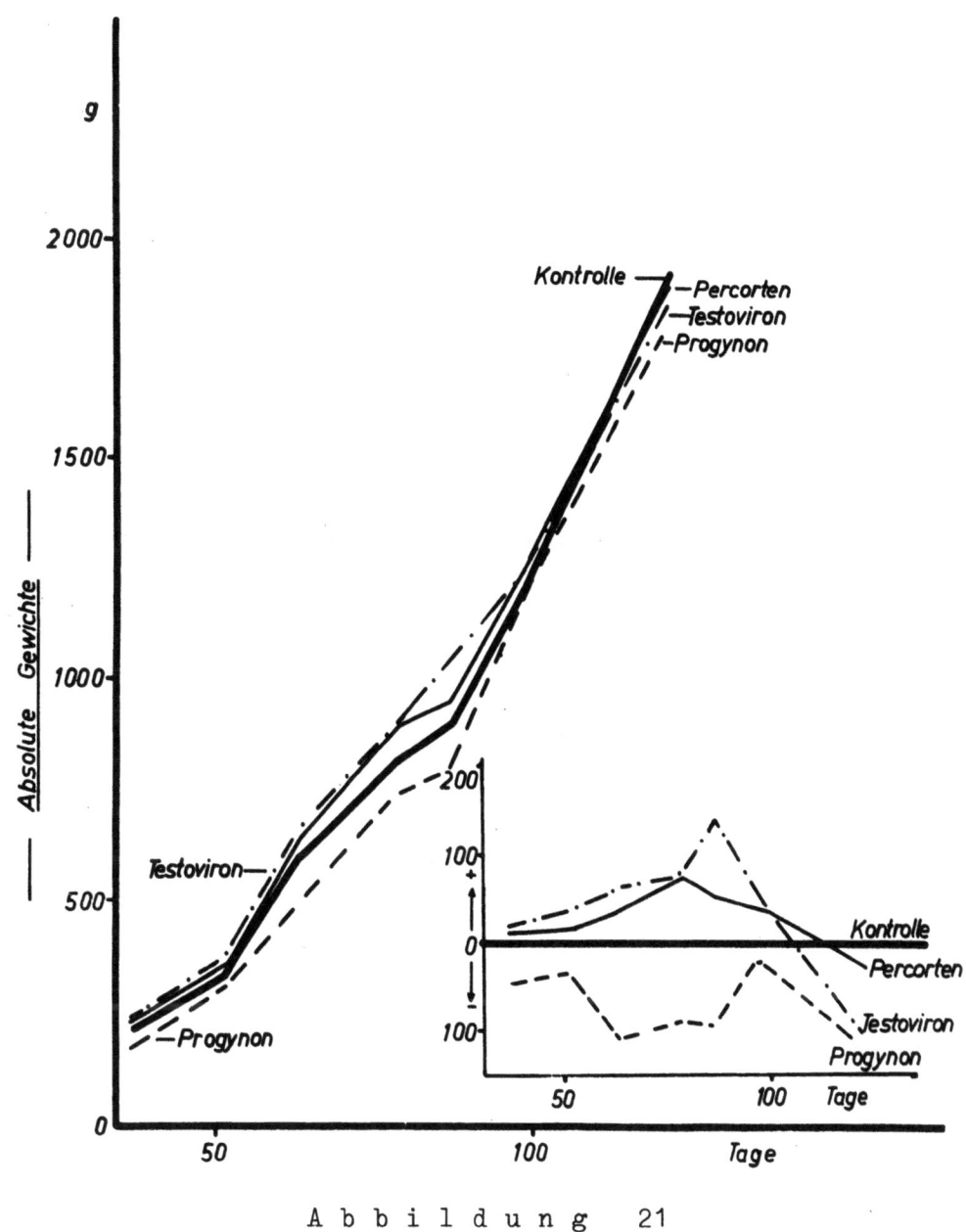

A b b i l d u n g   21

Absolutes Gewichtswachstum und Gewicht bezogen auf die Kontrolle = 0
bei mit Testosteron, Desoxycorticosteron und Oestradiol behandelten
Leghornhähnen. Nach NOBIS 1956

Wachstumshemmung; bei denjenigen Tieren jedoch, bei denen die Männchen größer sind, wie bei den Hühnern, bewirkt es wenigstens zunächst eine Wachstumsförderung. Umgekehrt ist es mit den weiblichen Sexualhormonen.

Diese Wirkung wird jedoch kombiniert mit einer allgemeinen Wirkung der steroiden Hormone, die zu einer anfänglichen Wachstumsbeschleunigung und dann zu einem Wachstumsstillstand führt. Je nach dem Zeitpunkt der Verabreichung und der Dosierung können dabei die allerverschiedenartigsten Erscheinungen entstehen. Wichtig ist jedoch die Feststellung,

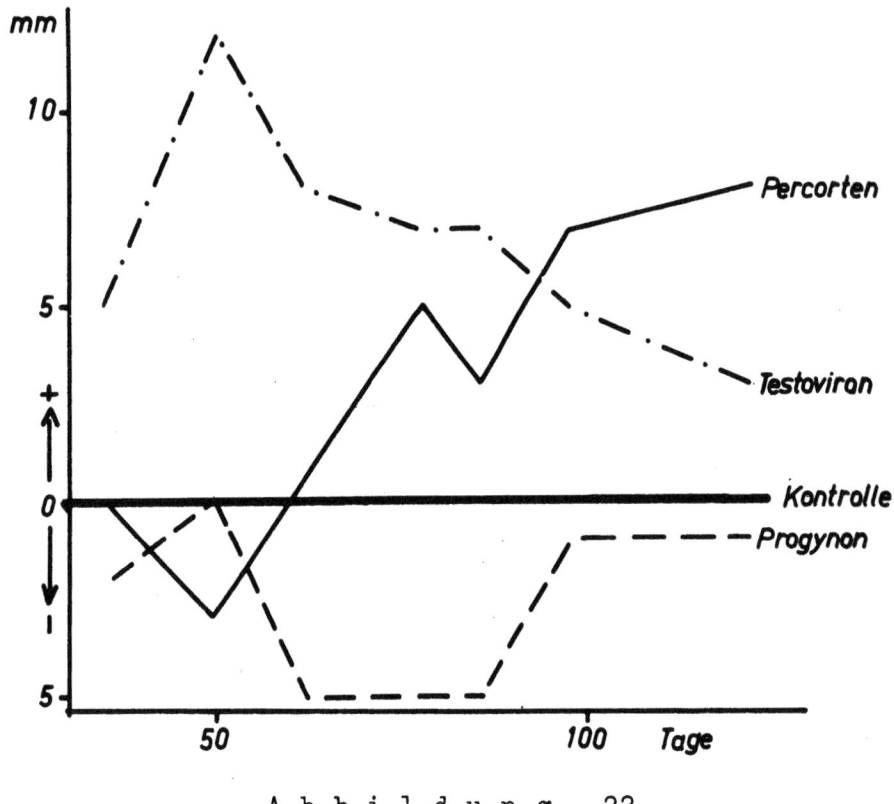

A b b i l d u n g   22

Lauflänge von mit steroiden Hormonen behandelten Leghornhähnen, bezogen auf die Kontrolle = 0. Nach NOBIS 1956

daß auf ein und dasselbe Hormon verschiedene Tierarten völlig verschieden in bezug auf das Wachstum reagieren, daß also der Zustand des Gewebes für die Antwort auf den Wirkstoff von wesentlicher Bedeutung ist.

Auch in diesem Falle wurden Untersuchungen über die Beeinflussung der innersekretorischen Drüsen von NOBIS (1956) angestellt, und es ergab sich, daß Testosteron (Testoviron) in bezug auf die Hoden denselben Einfluß hatte, wie er schon von Lebistes beschrieben worden war, nämlich in dem Sinne, daß zunächst eine starke Aktivierung der Hoden bis zur Spermatogenese erfolgte, daß dann aber die Hoden degenerierten (Abb. 23 nach NOBIS 1956). Daß in der Tat hier ein spezifischer Einfluß des Testosterons vorliegen muß, geht aus dem Vergleich mit den Kurven des Hodengewichtes von Vitamin E-Tieren und Percorten-Tieren hervor, bei denen das Hodengewicht im Anfang nur wenig über das der Kontrollen gesteigert wurde, späterhin es jedoch sehr stark und weitgehend überstieg, so daß die Hodengewichte der mit Vitamin E behandelten Tiere schließlich fast den doppelten Wert wie bei den Kontrolltieren erreichten.

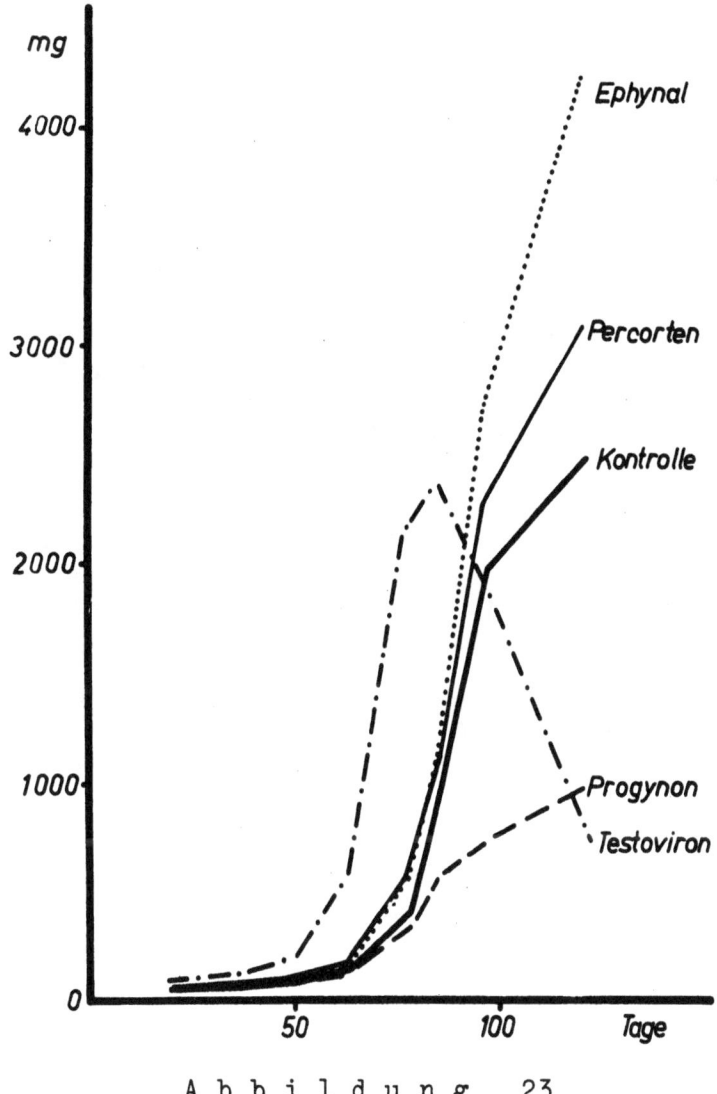

A b b i l d u n g   23

Kurven des absoluten Hodengewichtes der mit steroiden Hormonen und mit Vitamin E behandelten Leghornhähne. Nach NOBIS 1956

<u>Testosteron beschleunigt also die Geschlechtsreife der Männchen, bringt aber dann die so beschleunigten Hoden zur Degeneration</u>, während umgekehrt Vitamin E nur eine geringfügige Beschleunigung herbeiführt,

später aber eine relativ zum Körpergewicht sehr bedeutende Vergrößerung der Hoden erzielt. Das geht auch aus den Fotogrammen der Kammflächen hervor, bei denen die Kämme der Testosterontiere anfangs die der Kontrollen ganz bedeutend an Größe übertrafen, später aber unter denjenigen der normalen Tiere blieben, während bei Vitamin E die Kämme eine weitaus bedeutendere Größe erreichten (Abb. 24 nach NOBIS 1956). Progynon (Abb. 23) dagegen bewirkte eine Hemmung des Hodenwachstums, die auch erhalten blieb, während die Hoden der Lutocyclintiere nach anfänglicher starker Wachstumshemmung diejenigen der Kontrollen im Gewicht wieder einholten.

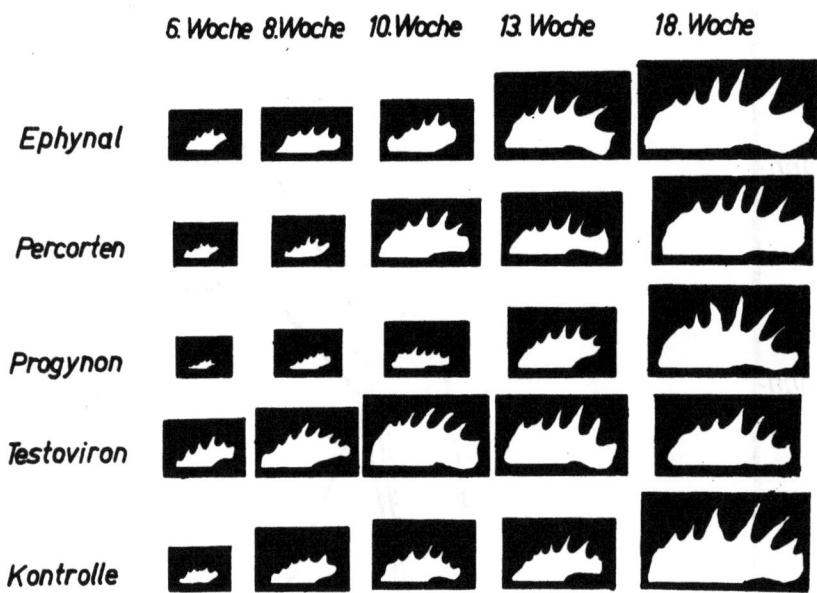

A b b i l d u n g   24

Kammumrisse von mit steroiden Hormonen und mit Vitamin E behandelten Leghornhähnen. Nach NOBIS 1956

Eine auffällige Erscheinung war es, daß bei einem versehentlich mit Testoviron behandelten weiblichen Leghornkücken die Eierleistung früher begann und größer wurde als bei der Kontrolle. Auf etwa das Doppelte wurde die Legeleistung durch Behandlung der Kücken mit Cortiron und Lutocyclin gefördert.

Sehr starke Wirkungen der verwendeten steroiden Hormone ergaben sich auch auf die Schilddrüde, wobei vor allem bei der Testoviron-Gruppe eine starke Hemmung der Schilddrüsenaktivität in dem Sinne eintrat, daß die Follikel gestautes Kolloid aufwiesen. Die Sexualhormone riefen in der Hypophyse bedeutende Veränderungen hervor, wie z.B. die starke Verkleinerung der Zellen des Vorderlappens. Die Hypophyse dürfte also eine zentrale Regulation herbeiführen, indem sie nach der Verabreichung der Sexualhormone die weitere Entwicklung des Hodens abbremst und ferner weniger thyreotropes Hormon ausschüttet. Dieses Vorhandensein zentraler Regulationen ist es vor allem, das so stark die primäre Wirkung der Verabreichung von steroiden Hormonen verwischt und die Antworten der Tiere auf die Behandlung variiert.

4. Wirkungen der steroiden Hormone auf Kaulquappen

Es fragt sich nun, wieweit sämtlichen steroiden Hormonen gewisse Wirksamkeiten gemeinsam sind und wieweit sie spezifische Wirkungen entfalten. Darüber geben am besten die Kaulquappenversuche Auskunft, bei denen noch keine Sexualdifferenzierung eingetreten ist. Die Kaulquappen entsprechen in ihrem Entwicklungszustand ganz jungen Embryonen der lebendgebärenden Wirbeltiere. In den Abbildungen 14 und 15 meines vorigen Berichtes (WURMBACH 1955 a, Nr. 144) ist die Wirkung der Dosierung von Cortiron sowie die von starker Dosierung von Percorten, Cortison, Testosteron, Proluton und Progynon schon zur Darstellung gekommen. Aus der Abbildung 14 desselben Berichtes geht hervor, daß die typische Wirkung schwacher Dosierungen eines steroiden Hormons darin besteht, anfänglich das Wachstum anzuregen, dann aber zu einem Stillstand und Abfall desselben zu führen. Sie stimmt darin überein mit dem Thyroxin, das dieselbe Kurve ergibt, wenn auch die anfängliche Wachstumsbeschleunigung nicht so stark ist wie bei Cortiron. Diese Art der Kurve im Gegensatz zu der von Vitamin E (Abb. 23) möchte ich als Wirkung eines "differenzierungswirksamen" Stoffes im Gegensatz zu einem "wachstumswirksamen" bezeichnen. Die differenzierungswirksamen Stoffe, wie das Thyroxin und das Cortiron, führen einen beschleunigten Ablauf der Differenzierungsprozesse herbei, wozu auch die Bildung der spezifischen Differenzierungssubstanzen gehört, die in den Körper eingelagert werden. Diese Beschleunigung der Stoffwechselvorgänge führt zu einer anfänglichen Gewichts- und Größenzunahme. Ist aber erst eine bestimmte Menge der Differenzierungsprodukte eingelagert, so wird gerade dadurch das weitere Wachstum zum Abschluß gebracht, und es erfolgt etwa im Beispiel der Kaulquappe die Metamorphose, die ja als ein stürmischer Schritt der Differenzierung anzusehen ist.

Bei Überdosierung dagegen (WURMBACH 1955 a, Nr. 144, Abb. 15) führen die steroiden Wirkstoffe zu einer so starken <u>Beschleunigung der Stoffumsetzung</u>, daß der <u>Tod</u> verfrüht eintritt. In der Abbildung 15 (WURMBACH 1955 a) macht nur das Progynon eine Ausnahme von der übrigen Serie der steroiden Hormone, indem es eine sehr starke Wachstumssteigerung bewirkt, die aber im übrigen auch in der für Differenzierungshormone charakteristischen Kurve verläuft.

Bei Kröten sind die Weibchen ganz bedeutend größer als die männlichen Tiere, und es muß also in diesem Falle wieder eine andere Art der Antwort der Gewebe auf das weibliche Sexualhormon angenommen werden, indem die synthetisierenden und Substanz anlagernden Eigenschaften des weiblichen steroiden Hormons hier stärker zur Geltung kommen als die abbauenden.

Bei Behandlung mit <u>Cortison</u> (Abb. 25 nach SCHNEIDER 1958, unveröffentlicht) war nach geringfügiger Gewichtszunahme im Anfang ein starkes Zurückbleiben im Wachstum und ein Schlankerwerden der Kaulquappen kennzeichnend. In diesem Falle möchte ich die spezielle Wirkung des Cortisons auf den Blutzuckerspiegel dafür verantwortlich machen, indem es eine Steigerung des Zuckerverbrauchs bewirkte. Außerdem wird den Glucocorticoiden eine katabolische Wirkung auf den Eiweißstoffwechsel zugeschrieben (s.d. JUNKMANN 1955). Die Metamorphose wurde zeitlich verzögert. Das entspricht der Regel, daß zu klein gebliebene Kaulquappen verspätet in die Metamorphose eintreten.

Die Beeinflussung des Gonadenwachstums bei Kaulquappen von <u>Bufo viridis</u> wurde von MERTENS-NEULING (im Druck) untersucht. Kennzeichnend für die Gonaden von Krötenkaulquappen ist das Auftreten einer "larvalen Oogenese" besonders im vorderen Teil der Gonadenanlage, die zur Bildung sog. "BIDDERschen Oozyten" führt, die niemals reife Eizellen werden, sondern späterhin degenerieren. Diese BIDDERschen Oozyten können sich am vorderen Ende der Gonadenanlage zu einem "BIDDERschen Organ" vereinigen. Erst während und nach der Metamorphose beginnt bei einem Teil der Tiere die männliche Ausdifferenzierung.

Thyroxin (MERTENS-NEULING) bewirkte eine im Vergleich zum Körperwachstum unproportionierte starke Größenzunahme der Gonaden nach 26 Tagen Behandlungsdauer, die mit einer <u>verfrühten Differenzierung</u> verbunden war (Abb. 26). Die BIDDERschen Oozyten traten im Gegensatz zu den Kontrollgonaden <u>nicht</u> zu einem BIDDERschen Organ zusammen. Sie besaßen weniger Plasma und relativ große Kerne. Späterhin blieben die Gonaden infolge der Stoffwechselunterbilanz im Wachstum zurück und wurden sogar hohl.

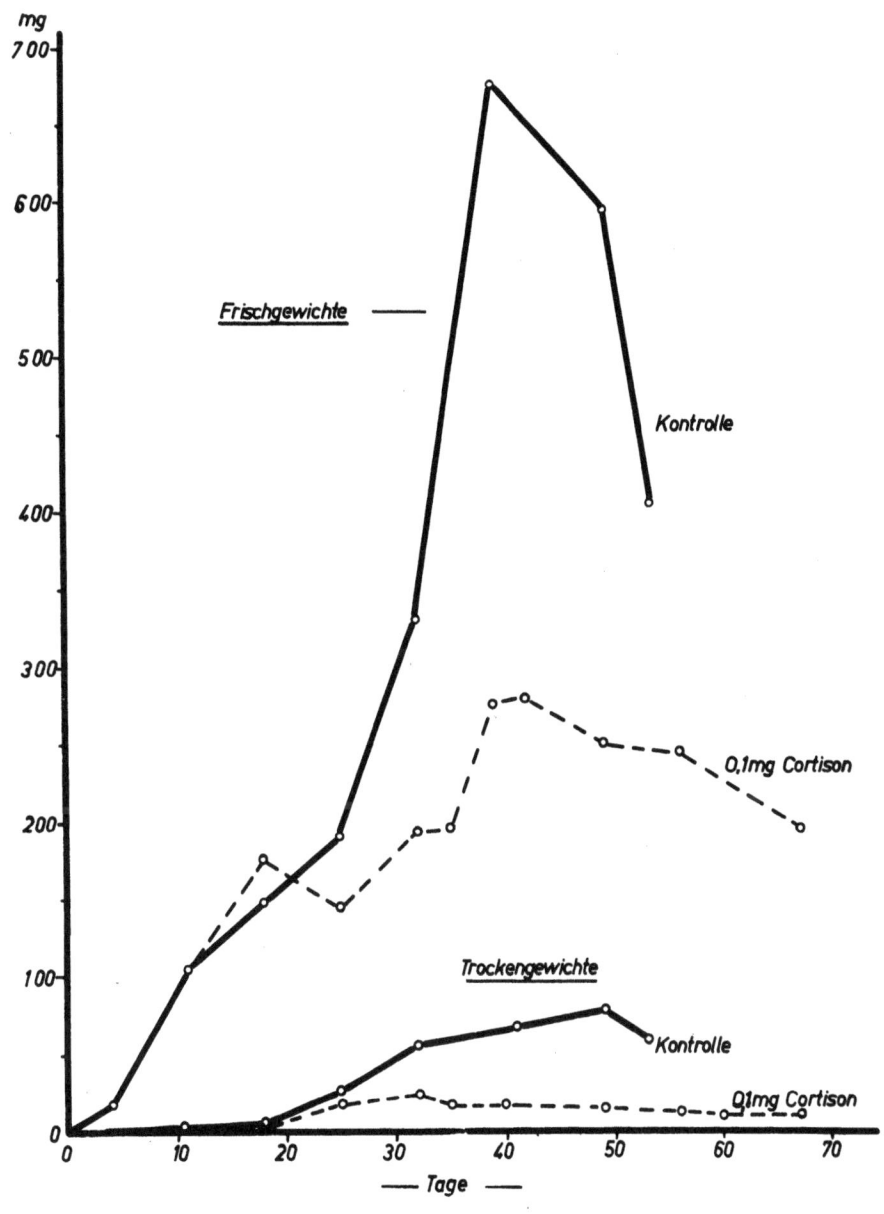

A b b i l d u n g   25

Gewichtswachstum von mit Cortison behandelten Kaulquappen des Krallenfrosches (Xenopus laevis). Nach SCHNEIDER (1958, unveröffentlicht)

WITSCHI und CHANG (1951) berichten, daß <u>hohe</u> Dosen von Cortison und
Cortiron (1 mg/l) vermännlichend auf die Larven von <u>Rana sylvatica</u>
wirken. In unseren Versuchen wurde Cortiron in Konzentrationen von
5 γ% bzw. 20 γ% gegeben. Die Gonaden der mit Cortiron behandelten Tiere
wurden etwas größer als die der Kontrollen. Ihre Differenzierung war
ebenfalls beschleunigt. Es wurden mehr BIDDERsche Oozyten als bei Thyro-
xinkaulquappen gebildet, die auch für kurze Zeit ein kompaktes kraniales
BIDDERsches Organ bildeten. Charakteristisch war die Anhäufung von un-
regelmäßigen Dotterschollen in den BIDDERschen Oozyten. Späterhin wurden
auch die Gonaden der mit Cortiron behandelten Kaulquappen hohl. Die
männliche Differenzierung wurde zeitlich beschleunigt. Bei Behandlung
mit Cortiron + Thyroxin trat die männliche Differenzierung noch etwas
früher auf als bei Behandlung mit Cortiron allein und die Gonaden nahmen
ein eigenartig traubiges Aussehen an. Cortiron besaß also ebenfalls
einen spezifischen differenzierungsfördernden Einfluß auf die Gonaden-
entwicklung, der aber nicht so stark war wie bei Thyroxin.

Die zahlreichen Untersuchungen, die über die Wirkungsweise des Schilddrüsenhormons existieren, lassen die Steigerung des oxydativen Stoffwechsels als die Ursache der anfänglichen Wachstumsbeschleunigung und
der späteren Hemmung derselben erscheinen. Die gesteigerte Energiege-
winnung bewirkt anfangs eine gesteigerte allgemeine Eiweißsynthese,
späterhin besonders eine solche der acidophilen Differenzierungsprodukte, wie der Myofibrillen und des Kollagens. Schließlich führt die
Stoffwechselunterbilanz zum Abbau und Wachstumsstillstand.

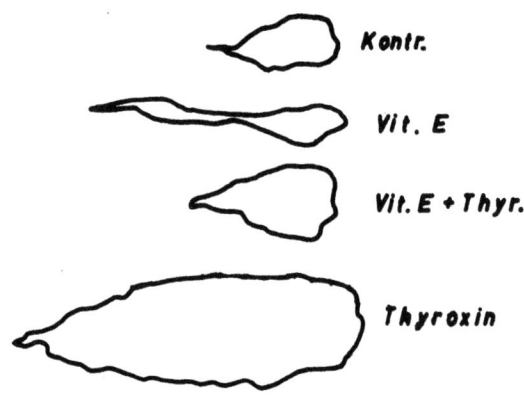

A b b i l d u n g   26

Gestalt der Gonaden von 36 Tage alten Kaulquappen von Bufo viridis.
Vergr. 70 x, Nach MERTENS-Neuling (im Druck)

Über die Gewebswirkung der steroiden Hormone ist noch recht wenig bekannt. Jedoch geht zweifellos aus unseren Untersuchungen über die Beeinflussung des Hodens bei Testosteronbehandlung hervor, daß eine Wirkung auf den Kernstoffwechsel stattfinden muß, der zu einer <u>anfänglichen Beschleunigung der Kernteilung,</u> aber auch der <u>Kernreifungen</u> bis zur Bildung von Spermatozoen über die Spermatozyten 1. und 2. Ordnung führt. Dem scheint zu widersprechen, daß der kernreiche Thymus unter der Einwirkung der steroiden Hormone zurückgebildet wird, wie es in der normalen Entwicklung zur Zeit der Pubertät bekannt ist. Ebenso bewirkt Cortison einen Thymusabbau. In diesem Falle dürfte die anders geartete Reaktion des Gewebes auf die Wirkstoffe dazu führen, daß sich der Thymus anders verhält als der Hoden, der erst bei Überdosierung des Wirkstoffes zu degenerieren beginnt. TÖNDURY (1943, 1955) gibt allgemein an auf Grund von Versuchen an jungen <u>Triturus</u>-Embryonen, daß unter der Wirkung von Oestradiol und Diäthylstilben ein Stehenbleiben der Chromosomen im Metaphase-Stadium eintritt, das er auf eine Unfähigkeit zur Synthese von Ribonucleinsäure zurückführt. Ähnliche Erscheinungen wie TÖNDURY beobachtete CLAES bei Froschembryonen (unveröffentlicht), die unter der Einwirkung von Testosteron sehr starke Mißbildungen aufwiesen, wobei sich insbesondere das Neuralrohr nicht schloß und aus der offenen Stelle pulverartig die Zellmassen austraten (Abb. 27). Junglarven wiesen starke wässrige Auftreibungen auf (Abb. 28). Die histologischen Untersuchungen ergaben im Gehirn und Rückenmark zahlreiche pyknotische Kerne, ähnlich wie sie TÖNDURY bei <u>Triturus</u>-Larven unter der Einwirkung der weiblichen Sexualhormone beschrieben hat. Jedoch handelt es sich bei den von CLAES untersuchten Froschembryonen um die Wirkung von starken Überdosierungen, und es besteht kein Grund zu der Annahme, daß nicht bei niedrigerer Dosierung eine synthetisierende Wirkung vorhanden sein könnte, die selbstverständlich schwerer nachzuweisen ist, da ja dabei keine morphologischen Veränderungen im Sinne von Abnormitäten auftreten. Die zugrunde gehenden Zellen mit ihren pyknotischen Kernen wurden in das Lumen des Neuralkanals abgestoßen und nach außen entleert, falls dieser nicht die Fähigkeit gehabt hatte, sich zu schließen, wie es häufig vorkam (Abb. 27).

Einen zweiten Wirkungsbereich der steroiden Hormone konnte ich nachweisen bei Untersuchungen an Kaulquappen mit überdosierten steroiden Hormonen, bei denen das Lumen des Glaskörpers verschwand und die Gallert-

Forschungsberichte des Wirtschafts- und Verkehrsministeriums Nordrhein-Westfalen

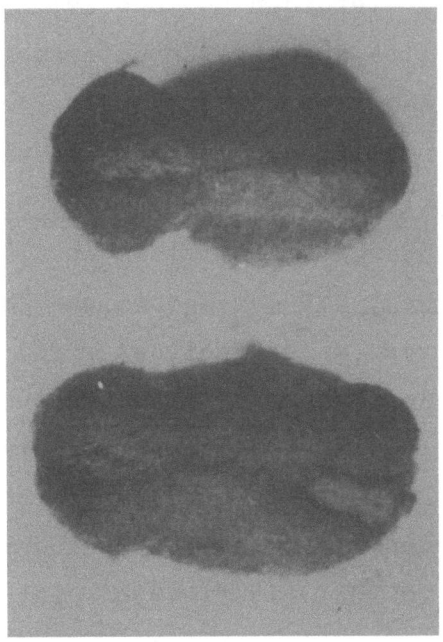

Abbildung 27

Embryonen von Rana temporaria nach Behandlung mit Methyltestosteron 1:125000. Austritt pulverartiger Zellmassen aus der in der Kopfregion offengebliebenen Neuralspalte. Epidermis körnig, mit Zellaustritt. Unterer Embryo mit Spina bifida. Nach CLAES, unveröffentlicht

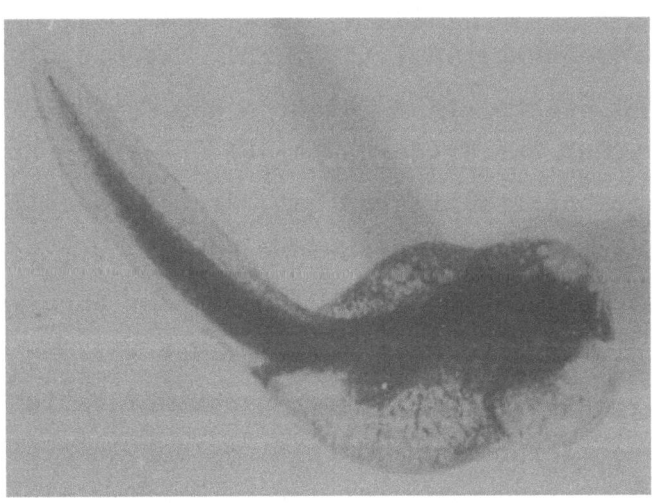

Abbildung 28

Junglarve von Rana temporaria mit starken Auftreibungen der Leibeshöhle und des Kopfes nach Behandlung der Embryonen mit Testosteron 1:125000. Nach CLAES, unveröffentlicht

gewebe der Kaulquappe einer Rückbildung anheimfielen (WURMBACH 1955 a
und b). In diesem Falle ist das System der Mucopolysaccharide betroffen,
so daß die Wassereinlagerung in dieselben gestört ist und das normale
Wachstum des Glaskörpers und der Gallertgewebe nicht erfolgen kann,
sondern im Gegenteil das gallertige Bindegwebe der Kaulquappe einer
Zerstörung preisgegeben wird. Das äußert sich auch durch das Auftreten
einer starken Metachromasie im Gallertgewebe. Eine solche ist das Anzeichen eines Alterns der Mucopolysaccharide in dem Sinne, daß sie
stark sauer werden, was in der Regel durch Sulfurierung herbeigeführt
wird. Sie tritt auch bei der normalen Schwanzresorption im Schwanzstummel auf. Bei Überdosierung der steroiden Hormone sind also die
physiologisch über viel längere Zeiträume sich erstreckenden enzymatischen Vorgänge in den Mucopolysacchariden __beschleunigt__ worden, so daß
sie, statt erst in der Metamorphose in Erscheinung zu treten, sich viel
früher bemerkbar machen, so daß der Körper der Kaulquappe nicht mehr
wachsen kann und schließlich zugrunde geht. Aber auch die Chorda fiel
zusammen, wurde verbogen und zusammengestaucht (WURMBACH 1955 b); in
den Ventrikeln und im Rückenmarkskanal verschwand der Liquor. Es dürfte
diese Erscheinung mit einer Steigerung der Wasserausscheidung zusammenhängen, die aber eventuell auf den Abbau der Hyaluronsäure zurückzuführen sein könnte, die ihre Fähigkeit zur Wasseraufnahme verloren hat.

Bei der Annahme, daß der Hyaluronsäure die Aufgabe zukommt, die Zellen
durch Interzellularsubstanz miteinander zu verbinden, erklärt sich auf
diese Weise auch die fehlende Organisation der Retina bei den Befunden
von WURMBACH (1955 a und b) und der Austritt von Zellen in das Gehirn-
und Rückenmarkslumen (CLAES, unveröffentlicht), so daß sich alle diese
Erscheinungen unter einem einheitlichen Gesichtspunkt deuten lassen.
Auch die Epidermiszellen verloren unter der Einwirkung der steroiden
Hormone ihren Zusammenhang (WURMBACH 1955 a und b) und lösten sich oft
insgesamt von der Unterlage los.

5. Zusammenfassende Betrachtung über die Wirkungsweise der Differenzierungshormone auf Wachstum und Differenzierung

Die Wirkung der steroiden Hormone auf das System der Mucopolysaccharide
im Körper dürfte grundsätzlich ihnen allen gemeinsam sein. Besonders
in der Klinik ist ja die Wirkung des Cortisons bekannt, das durch die

Aktivierung der Hyaluronidase bewirken kann, daß die Hyaluronsäure nicht mehr ihre Schutzfunktion gegen die Ausbreitung von Bakterien ausüben kann. Die Spermatozoen enthalten Hyaluronidase, die aus ihnen gewonnen werden kann und der die Bedeutung zukommt, die Eihüllen für die Spermatozoen durchdringbar zu machen.

Wenn nun die Hyaluronsäure und die übrigen Mucopolysaccharide durch ihre Quellbarkeit und die Erzeugung von Druck wesentliche Faktoren für das Wachstum des Organismus bzw. seiner Interzellulargewebe sind (WURMBACH 1954), wie erklärt sich dann die so verschiedenartige Wirkung der verschiedenen steroiden Hormone und die verschiedenartige Reaktionsweise der Organismen? Zu einer einheitlichen Anschauung läßt sich kommen, wenn man annimmt, daß diejenigen Enzyme, die den Aufbau und den Abbau der Mucopolysaccharide bewirken, durch die steroiden Hormone aktiviert werden. Eine derartige Auffassung wird bereits von GODLOWSKY (1953) für Cortison in bezug auf die proteolytischen Fermente entwickelt. Dann würde sich verstehen lassen:

1. daß im Anfangsstadium der Einwirkung und bei geringerer Dosierung der steroiden Hormone die freiwerdenden Enzyme im wesentlichen eine dem normalen Körperzustand entsprechende synthetisierende Wirkung haben;

2. daß bei Einwirkung höherer Konzentrationen durch die Aktivierung sehr vieler Enzyme die abbauende Wirkung derselben überwiegt, besonders, da dann auch weitere verschiedene Arten von Enzymen in Tätigkeit gesetzt werden und der Gleichgewichtszustand der Zelle verschoben wird;

3. daß zwar im Prinzip durch die steroiden Hormone eine allgemeine Enzymaktivierung herbeigeführt wird, daß aber darüber hinaus jedes derselben für bestimmte Aktivierungen besonders fähig ist, so daß es außer der Allgemeinwirkung eine spezifische Wirkung ausübt, die mit der Allgemeinwirkung im Erscheinungsbild des Tieres sich überlagert;

4. daß schließlich Selbstregulationen des Körpers, insbesondere durch Beeinflussung der Hypophyse, das Erscheinungsbild noch mehr komplizieren, besonders da primär und sekundär auch die übrigen innersekretorischen Drüsen durch die Wirkstoffe beeinflußt werden.

Diese Wirkungen sind aber nur dann zu erfassen, wenn die Dosen der verabreichten Hormone nicht zu hoch sind und wenn nicht nur ein beliebiges

End- oder Zwischenstadium herausgegriffen wird, um die Wirkung zu testen, sondern wenn die Entwicklung oder das Wachstum laufend oder in bestimmten kleinen Zeitabständen untersucht werden. Anderenfalls können sich völlig widersprechende Befunde erzielt werden.

Nach den Anschauungen von MINOT (1913) besteht das Altern in einer an den Zeitablauf gebundenen Produktion der Zelldifferenzierungsprodukte, z.B. der Hornsubstanz, des Hämoglobins, des Kollagens etc. Durch die Überladung mit diesen Produkten wird die Zelle schließlich zur Zellteilung unfähig und dient nur noch der spezifischen Arbeitsleistung innerhalb des Organismus, bis sie zugrunde geht. Die obige Betrachtung der steroiden Hormone zeigt, daß dieser Vorgang zentral reguliert ist. Nimmt man an, daß das Plasma im wesentlichen aus Enzymen besteht, die nach Bedarf durch Wirkstoffe in Tätigkeit gesetzt werden, so würden die steroiden Hormone solche Wirkstoffe sein. Wir haben hier nur ihre Wirkung auf die Gonaden und die Mucopolysaccharide untersucht, jedoch dürften auch die übrigen Enzyme mitbetroffen werden, denn unsere Untersuchungen beschreiben nicht die gesamte Wirkung. Sie würden vor allem mit dem Schilddrüsenhormon zusammenwirken, das durch seine den Stoffwechsel steigernde Wirkung sowohl den Auf- wie Abbau als typisches Differenzierungshormon unterstützt.

Auf das Beispiel der Binde- und Stützsubstanzen angewendet, würde sich ergeben, daß bei niederen Konzentrationen der steroiden Hormone die Produktion derselben gefördert und damit das Wachstum beschleunigt würde. Das trifft z.B. bei Pubertas praecox oder auch beim normalen Pubertätswachstum zu. Bei stärkerer Einwirkung, besonders aber bei Cortisonwirkung, würde die Hyaluronsäure nicht mehr beständig sein. An ihre Stelle treten dann saure, metachromatisch mit Methylen- oder Toluidinblau sich färbende Mucopolysaccharide, ob durch Sulfurierung der Hyaluronsäure oder ob durch zusätzliche Neubildung, mag dahingestellt sein. Dieser Umwandlungs- oder Zerfallsprozeß des für Embryonen und Larven charakteristischen Hyaluronsäuresystems kann bei Kaulquappen so energisch auftreten, daß der Kiemendeckel nach Behandlung mit steroiden Hormonen wie in der Metamorphose rückgebildet wird und daß das gallertige Bindegewebe zerfällt. Es ist dann nur noch die Stufe der sauren Mucopolysaccharide möglich, bei der der Körper Chondroitinschwefelsäure einlagert, nicht nur im Knorpel, sondern bei metamorphosierenden Kaulquappen auch in der Aortenscheidewand. Die Einlagerung derartiger Substanzen findet bei der Atherosklerose auch in die Arterienwandungen statt. Schließlich erreichen aber die sauren Mucopolysaccharide einen derartigen Grad der Dichte, daß die Knorpelmassen nicht mehr wachsen können, keinen hydrostatischen Druck mehr entwickeln und verkalken. Das ist der Fall am Ende der Pubertät mit den Knorpeln der Epiphysenfugen. Die Sexualhormone haben also den normalen Gleichgewichtszustand zwischen Zellteilung und Bildung von Mucopolysacchariden so zugunsten der Bildung saurer Mucopolysaccharide beschleunigt, daß diese auf die Zellteilungszone übergreifen und den Abschluß des Längenwachstums herbeiführen.

Die steroiden Hormone sind also, wie sich aus den histologischen Befunden ergibt, echte <u>Differenzierungshormone,</u> die anfangs die Bildung der gewebsspezifischen Substanzen fördern, dann sie so stark werden lassen, bis eine Überladung mit denselben eintritt oder aber bis die niederen Stufen derselben verschwinden und nur die höheren noch beständig bleiben. Diese führen schließlich das Ende des Wachstums oder gar den Gewebstod herbei, wie im Falle des Knorpels. Die Anschauung MINOTs (1913) von der Cytomorphose findet also ihre Bestätigung, aber mit der Einschränkung, daß die Differenzierung der Gewebe und das Altern derselben nicht eine einfache Funktion der Zeit ist, sondern vom Körper aus durch Wirkstoffe reguliert wird. <u>Die zeitlich und quantitativ regulierte Ausschüttung der genbedingten Wirkstoffe, wie der Hormone, reguliert also den Zeitpunkt und das Ausmaß der Differenzierung.</u> Die Funktion der steroiden Hormone dürfte dabei im wesentlichen in der Aktivierung bisher ruhender Enzyme der verschiedensten Art liegen, während diejenige des Schilddrüsenhormons die Aktivierung des gesamten Stoffwechsels durch die Steigerung der oxydativen Vorgänge sein dürfte, woraus sich ergibt, daß mehr Energie zum Aufbau spezifischer Substanzen zur Verfügung steht. So konnte DELSOL (1952) auch durch Follikelhormongaben allein nicht erreichen, daß durch Methylthiouracilbehandlung ihrer Schilddrüse beraubte Kaulquappen das Drüsengewebe des MÜLLERschen Ganges ausbildeten. Zu dieser Differenzierung ist also die Steigerung des oxydativen Stoffwechsels durch Schilddrüsenhormon bei Kaulquappen notwendig und genügt nicht das geschlechtsspezifische steroide Hormon allein. Ebenso dürfte auch die Metamorphose der Kaulquappen durch das

Zusammenwirken des Schilddrüsenhormons mit steroiden Hormonen zustande kommen, denn letztere allein sind schon imstande, den Zusammenbruch des Gallertgewebes herbeizuführen, der gewöhnlich der Schilddrüse zugeschrieben wird. Die spezifische Beschleunigung des Wachstums und der Differenzierung der Gonaden durch Thyroxin wurde von MERTENS-NEULING (1958) festgestellt.

Das durch VON BERTALANFFY (1951) als für den Abschluß des Wachstums verantwortlich gemachte Gleichgewicht von Verbrennungsstoffwechsel und Aufbaustoffwechsel ist also in der Tat dafür verantwortlich. Es wird nicht als Funktion der erreichten Größe (oder der Zeit) herbeigeführt, sondern ergibt sich als körpereigene, gen- und umweltbedingte Regulation durch das zeitliche und mengenmäßige Zusammenwirken der selbstproduzierten Wirkstoffe, die zum artgemäßen Zeitpunkt der Differenzierung, zur artgemäßen Größe und zum artgemäßen Zeitpunkt des Eintritts des Todes führen. Dabei spielen auch Größenproportionen der Gewebe selbst, wie z.B. der Kambiumschichten zur Menge der eingelagerten Differenzierungsprodukte eine Rolle, auf die aber hier nicht näher eingegangen werden soll.

Professor Dr. phil. Hermann WURMBACH, Bonn
Dr. rer. nat. Fritz MOMBECK
Dr. agr. Klaus-Josef NOBIS
Dr. rer. nat. Susanne MERTENS-NEULING

Forschungsberichte des Wirtschafts- und Verkehrsministeriums Nordrhein-Westfalen

Literaturverzeichnis

[1] ALBRIGHT, F., SMITH, P.H. and A.M. RICHARDSON — J. Americ. Med.Ass., 116, 2465, 1941. Zit. nach NOWAKOWSKI, H.: Die Wirkungen der Sexualhormone auf das Skelet und den Skeletstoffwechsel. In: 2. Symposion d.Deutsch.Ges. f. Endokrinol., Berlin-Göttingen-Heidelberg 1955

[2] BERTALANFFY, L. von — Theoretische Biologie II. A. Francke, Bern 1951

[3] DELSOL, M. — Action du thiouracile sur les larves de batraciens. Néoténie expérimentale. Rôle de l'hypophyse dans ce phénomène. Ann. Biol. T. 28, 1952

[4] GODLOWSKY, Z.Z. — Enzymatic concept of anaphylaxis and allergy. Edinburgh a. London 1953

[5] HAARDICK, H. — Die Gestaltung der Körperproportionen durch begrenztes Wachstum der Skelettelemente. Acta Anatomica, Suppl. 26, Basel-New York 1956

[6] JUNKMANN, K. — Stoffwechselwirkungen der Steroidhormone. 2. Symposion der Deutsch. Ges. f. Endokrinol., Berlin-Göttingen-Heidelberg 1955

[7] KOSSWIG, C. — Mitteilungen zum Geschlechtsbestimmungsproblem bei Zahnkarpfen. Rev.Fac.Sc.Univ.Istanbul. Sér.B 6 1941

[8] LICHTWITZ, A., PARLIER, R. et G. THIERY — Le mecanisme de la croisance des os longs. Rev. Thumat. 20, 1953

[9] MERTENS-NEULING, S. — Der Einfluß von Thyroxin, Vitamin E und Cortiron (Desoxycorticosteron-

acetat) auf die larvale Keimdrüsenentwicklung von Bufo viridis. XVI. Mitt. zu "Steuerung von Wachstum und Formbildung durch Wirkstoffe" der Arbeitsgem. WURMBACH und Mitarb. Dissertation Bonn 1958

[10] MINOT, C.S.   Moderne Probleme der Biologie Jena 1913

[11] MOMBECK, F.   Beeinflussung des Wachstums von Lebistes reticulatus und Xiphophorus helleri durch Sexualhormone. XIII. Mitt. zu "Steuerung von Wachstum und Formbildung durch Wirkstoffe" Dissertation, Bonn 1955

[12] NOBIS, K.J.   Steuerung von Wachstum und Formbildung durch Wirkstoffe. VI. Mitt.: Die Beeinflussung des Wachstums, der Hypophyse, der Schilddrüse und des Hodens durch steroide Hormone, Vitamin E und Thymusöl bei Kücken. Zeitschr.f.wiss.Zoologie, Bd. 159, 1956

[13] NOWAKOWSKI, H.   Die Wirkungen der Sexualhormone auf das Skelett und den Skelettstoffwechsel. In: 2. Symposion d. Deutsch. Ges.f.Endokrinol., Berlin-Göttingen-Heidelberg 1955

[14] ROMEIS, B.   Der Einfluß innersekretorischer Organe auf Wachstum und Entwicklung von Froschlarven. Naturw. Bd.8, 1920

Histologische Untersuchungen zur Wirkung der Schilddrüsenfütterung auf Froschlarven. 2. Beeinflussung der Entwicklung der vorderen Extre-

mitäten und des Brustschulterappara-
tes. Roux' Arch. Bd. 101, 1924

[15] TÖNDURY, G.   Entwicklungsleistungen von Triton-
Eiern, die mit weiblichen Sexual-
hormonen behandelt wurden. Rev.suis-
se de Zool., Bd. 50, 1943

Entwicklungsstörungen durch chemische
Faktoren und Viren. Verh.der Ges.
Dtsch.Naturf. und Ärzte. Bd. 98, 1955

[16] WEISHAUPT, E.   Die Ontogenie der Genitalorgane von
Girardinus reticulatus. Zeitschr.
f. wiss. Zool., Bd. 126, 1926

[17] WITSCHI, E. und CHANG   Cortisone induced transformation of
ovaries into testes in larval frogs
Proc.Soc.Exp.Biol.Med.Bd. 75,1951

[18] WURMBACH, H.   Untersuchungen über die Rolle des
Wassers beim Wachstum und der Meta-
morphose der Amphibienlarven. Verh.
Dtsch.Zool.Ges.in Marburg 1950

Steuerung von Wachstum und Formbildung durch Wirkstoffe. III. Mitt.:
Die Wirkung von Cortiron (Desoxy-
Corticosteronazetat) im Kaulquappen-
versuch. Roux'Arch. Bd. 146, 1952

Untersuchungen zur Dynamik des Extremitätenwachstums. Zool.Jb., Abt.f.
Anat., Bd. 73, 1954

Steuerung von Wachstum und Formbil-
dung durch Wirkstoffe. VIII. Mitt.:
Übersicht der bisherigen Ergebnisse
aus dem Zoologischen Institut der
Universität Bonn. Westd. Verlag,
Köln und Opladen 1955 a

Die Wirkung von steroiden Hormonen und Ultraviolett-Bestrahlung auf Bindegewebe, Glaskörper und Epidermis. Roux' Arch. Bd. 148, 1955 b

FORSCHUNGSBERICHTE
DES WIRTSCHAFTS- UND VERKEHRSMINISTERIUMS
NORDRHEIN-WESTFALEN

Herausgegeben von Staatssekretär Prof. Dr. h. c. Dr. E. h. Leo Brandt

BIOLOGIE

HEFT 8
Dr. rer. nat. M.-E. Meffert und H. Stratmann, Essen
Algen-Großkulturen im Sommer 1951
1953, 52 Seiten, 4 Abb., 20 Tabellen, DM 9,75

HEFT 27
Prof. Dr. E. Schratz, Münster
Untersuchungen zur Rentabilität des Arzneipflanzen-anbaues Römische Kamille, Anthemis nobilis L.
1953, 16 Seiten, 1 Tabelle, DM 3,60

HEFT 28
Prof. Dr. E. Schratz, Münster
Calendula officinalis L. Studien zur Ernährung, Blütenfüllung und Rentabilität der Drogengewinnung
1953, 24 Seiten, 2 Abb., 3 Tabellen, DM 5,20

HEFT 33
Kohlenstoffbiologische Forschungsstation e. V., Essen
Eine Methode zur Bestimmung von Schwefeldioxyd und Schwefelwasserstoff in Rauchgasen und in der Atmosphäre
1953, 32 Seiten, 8 Abb., 3 Tabellen, DM 6,50

HEFT 42
Prof. Dr. B. Helferich, Bonn
Untersuchungen über Wirkstoffe — Fermente — in der Kartoffel und die Möglichkeit ihrer Verwendung
1953, 58 Seiten, 9 Abb., DM 11,—

HEFT 68
Kohlenstoffbiologische Forschungsstation e. V., Essen
Algengroßkulturen im Sommer 1952
II. Über die unsterile Großkultur von Scenedesmus obliquus
1954, 62 Seiten, 3 Abb., 29 Tabellen, DM 11,40

HEFT 83
Prof. Dr. S. Strugger, Münster
Über die Struktur der Proplastiden
1954, 30 Seiten, 15 Abb., DM 8,40

HEFT 94
Prof. Dr. G. Winter, Bonn
Die Heilpflanzen des MATTHIOLUS (1611) gegen Infektionen der Harnwege und Verunreinigung der Wunden bzw. zur Förderung der Wundheilung im Lichte der Antibiotikaforschung
1954, 58 Seiten, 1 Abb., 2 Tabellen, DM 11,50

HEFT 95
Prof. Dr. G. Winter, Bonn
Untersuchungen über die flüchtigen Antibiotika aus der Kapuziner- (Tropaeolum maius) und Gartenkresse (Lepidium sativum) und ihr Verhalten im menschlichen Körper bei Aufnahme von Kapuziner- bzw. Gartenkressensalat per os
1955, 74 Seiten, 9 Abb., 25 Tabellen, DM 14,—

HEFT 131
Dr. W. Hoerburger, Köln
Versuche zur Biosynthese von Eiweiß aus Kohlenwasserstoff
1955, 34 Seiten, 2 Abb., 3 Tabellen, DM 6,90

HEFT 137
Prof. Dr. rer. nat. habil. W. Baumeister, Münster
Beiträge zur Mineralstoffernährung der Pflanzen
1955, 64 Seiten, 6 Tabellen, DM 11,80

HEFT 144
Prof. Dr. H. Wurmbach, Bonn
Steuerung von Wachstum und Formbildung
1955, 48 Seiten, 19 Abb., DM 10,30

HEFT 203
Dr. G. Wandel, Bonn
Uferbewachsung und Lebendverbauung an den Nordwestdeutschen Kanälen und ihren Zuflüssen sowie an der Ruhr *1956, 122 Seiten, 88 Abb., DM 25,70*

HEFT 249
Dr. M.-E. Meffert, Essen
Weitere Kulturversuche Scenedesmus obliquus
1956, 36 Seiten, 5 Abb., 10 Tabellen, DM 8,—

HEFT 254
Prof. Dr. R. Danneel, Bonn
Quantitative Untersuchungen über die Entwicklung des Ehrlich-Ascitestumors bei Inzuchtmäusen
1956, 52 Seiten, 8 Abb., 17 Tabellen, DM 11,75

HEFT 317
Dr.-Ing. J. Stelter, Aachen
Mikrobiologische Ultraschallwirkungen
1957, 106 Seiten, 41 Abb., 12 Tabellen, DM 23,90

HEFT 388
Prof. Dr. rer. nat. habil. W. Baumeister und
Dr. rer. nat. H. Burghardt, Münster
Die Bedeutung der Elemente Zink und Fluor für das Pflanzenwachstum
1957, 48 Seiten, 17 Tab., DM 10,20

HEFT 389
Prof. Dr.-Ing. habil. H. Fink und Brauerei-Ing. K.W. Hoppenhaus, Köln
Die biologische Eiweiß-Synthese von höheren und niederen Pilzen und die alimentäre Lebernekrose der Ratte
1957, 76 Seiten, 2 Abb., 24 Tabellen, DM 15,60

HEFT 411
Dr. L. Sommer, Frankfurt/M.
Grundlegende Versuche zur Keimungsphysiologie von Pilzsporen
1957, 100 Seiten, 13 Abb., 32 Tabellen, DM 22,70

HEFT 429
Prof. Dr. O. Kuhn, Köln
Selektive Wirkung verschiedener Stoffgruppen auf tierische Gewebe
1957, 54 Seiten, 32 Abb., DM 13,15

HEFT 508
Dr. H. Schmidt-Ries, Krefeld
Limnologische Untersuchungen des Rheinstromes I (Hydrobiologische und physiographische Untersuchungen)
1958, 64 Seiten, DM 33,90

HEFT 509
Dr. H. Schmidt-Ries, Krefeld
Limnologische Untersuchungen des Rheinstromes I (Tabellenwerk)

HEFT 514
Dr. rer. nat. M.-E. Meffert, Essen
Die Kultur von Scenedesmus obliquus in Abwasser
1957, 46 Seiten, 7 Abb., 7 Tabellen, DM 10,85

HEFT 524
Dr. rer. nat. S. Lockau, Emlichheim
Versuche zur Gewinnung von Kartoffeleiweiß
1958, 56 Seiten, 2 Abb., DM 12,70

HEFT 536
Dr. rer. nat. C. W. Czernin-Chudenitz, Krefeld
Limnologische Untersuchungen des Rheinstromes. — Quantitative Phytoplanktonuntersuchungen

HEFT 539
Prof. Dr. L. v. Ubisch, Paradis/Bergen, Norwegen
Die philogenetischen Symmetrieveränderungen bei den Seeigeln

HEFT 627
Prof. Dr. phil. H. Wurmbach, Bonn u. a.
Steuerung von Wachstum und Formbildung
1958, 38 Seiten, 19 Abb., DM 13,30

HEFT 629
Dipl.-Ing. K. Wolters, Aachen
Zur Wirkung von Ultraschall auf die Keimung und Entwicklung von Pflanzen und auf den Verlauf von Pflanzenkrankheiten
in Vorbereitung

HEFT 682
Prof. Dr. phil. H. Wurmbach, Bonn
Zur Wirkungsweise der steroiden Hormone auf Wachstum und Differenzierung

Wir liefern Ihnen gern auf Anfrage die Verzeichnisse anderer Sachgebiete.

If you have any concerns about our products,
you can contact us on
ProductSafety@springernature.com

In case Publisher is established outside the EU,
the EU authorized representative is:
**Springer Nature Customer Service Center GmbH
Europaplatz 3, 69115 Heidelberg, Germany**

Printed by Libri Plureos GmbH
in Hamburg, Germany